Mathematisch-Physikalische Bibliothek

Gemeinverständliche Darstellungen aus der Mathematik u. Physik. Unter Mitwirkung von Fachgenossen hrsg. von

Dr. W. Lietzmann und **Dr. A. Witting**
Oberstud.-Dir.d.Oberrealschule zu Göttingen   Oberstudienrat, Gymnasialpr. i. Dresden

Fast alle Bändchen enthalten zahlreiche Figuren. kl. 8. Kart. je M. 6.—
Die Sammlung bezweckt, allen denen, die Interesse an den mathematisch-physikalischen Wissenschaften haben, es in angenehmer Form zu ermöglichen, sich über das gemeinhin in den Schulen Gebotene hinaus zu belehren. Die Bändchen geben also teils eine Vertiefung solcher elementarer Probleme, die allgemeinere kulturelle Bedeutung oder besonderes wissenschaftliches Gewicht haben, teils sollen sie Dinge behandeln, die den Leser, ohne zu große Anforderungen an seine Kenntnisse zu stellen, in neue Gebiete der Mathematik und Physik einführen.

Bisher sind erschienen (1912/22)

Der Begriff der Zahl in seiner logischen und historischen Entwicklung. Von H. Wieleitner. 2., durchgeseh. Aufl. (Bd. 2.)
Ziffern und Ziffernsysteme. Von E. Löffler. 2., neubearb. Aufl. I: Die Zahlzeichen der alten Kulturvölker. (Bd. 1.) II: Die Z. im Mittelalter und in der Neuzeit. (Bd 34.)
Die 7 Rechnungsarten mit allgemeinen Zahlen. Von H. Wieleitner. 2. Aufl. (Bd. 7.)
Einführung in die Infinitesimalrechnung. Von A. Witting. 2. Aufl. I: Die Differential-, II: Die Integralrechnung. (Bd. 9 u. 41.)
Wahrscheinlichkeitsrechnung. V. O. Meißner. 2. Auflage. I: Grundlehren, (Bd. 4.) II: Anwendungen. (Bd. 33.)
Vom periodischen Dezimalbruch zur Zahlentheorie. Von A. Leman. (Bd. 19.)
Der pythagoreische Lehrsatz mit einem Ausblick auf das Fermatsche Problem. Von W. Lietzmann. 2. Aufl. (Bd. 3.)
Darstellende Geometrie d. Gelände- u. verw. Anwend. d. Method. d kotiert. Projektionen. Von R. Rothe 2, verb. Aufl. (Bd. 35/36.)
Methoden zur Lösung geometrischer Aufgaben. Von B. Kerst. (Bd. 26.)
Einführung in die projektive Geometrie. Von M. Zacharias. 2. Aufl. (Bd. 6.)
Konstruktionen in begrenzter Ebene. Von P. Zühlke. (Bd. 11.)
Nichteuklidische Geometrie in der Kugelebene. Von W. Dieck. (Bd. 31.)
Einführung in die Trigonometrie. Von A. Witting (Bd. 43.)
Einführung i. d. Nomographie. V. P. Luckey. I. Die Funktionsleiter (28.) II. Die Zeichnung als Rechenmaschine. (37.)
Abgekürzte Rechnung nebst einer Einführ. i. d. Rechnung m. Funktionstaf. insb. i. d. Rechng. mit Logarithmen. Von A. Witting. (Bd.42.)

Theorie und Praxis des logarithm. Rechenschiebers. Von A. Rohrberg. 2. Aufl. (Bd 23.)
Die Anfertigung mathemat. Modelle. (Für Schüler mittl. Kl.) Von K. Giebel. (Bd.16.)
Karte und Kroki. Von H. Wolff. (Bd. 27.)
Die Grundlagen unserer Zeitrechnung. Von A. Baruch. (Bd. 29.)
Die mathemat. Grundlagen d. Variations- u. Vererbungslehre. Von P. Riebesel. (24.)
Mathematik u. Biologie. Von M. Schips.(44)
Mathematik und Malerei. 2 Teile in 1 Bande. Von G. Wolff. (Bd. 20/21.)
Der Goldene Schnitt. Von H. E. Timerding. (Bd. 32.)
Beispiele zur Geschichte der Mathematik. Von A. Witting und M. Gebhard. (Bd. 15.)
Mathematiker-Anekdoten. Von W. Ahrens. 2. Aufl. (Bd. 18.)
Die Quadratur d. Kreises. Von E. Beutel. 2. Aufl. (Bd. 12.)
Wo steckt der Fehler? Von W. Lietzmann und V. Trier. 2. Aufl. (Bd. 10.)
Geheimnisse der Rechenkünstler. Von Ph. Maennchen. 2. Aufl. (Bd. 13.)
Riesen und Zwerge im Zahlenreiche. Von W. Lietzmann. 2. Aufl. (Bd. 25.)
Was ist Geld? Von W. Lietzmann. (Bd.30.)
Die Fallgesetze. Von H. E. Timerding. 2. Aufl. (Bd. 5.)
Ionentheorie. Von P. Bräuer. (Bd. 38.)
Das Relativitätsprinzip Leichtfaßlich entwickelt von A. Angersbach. (Bd. 39.)
Dreht sich die Erde? Von W. Brunner. (17.)
Theorie der Planetenbewegung. Von P. Meth. 2., umg Aufl. (Bd. 8.)
Beobachtung d. Himmels mit einfach. Instrumenten. Von Fr. Rusch. 2. Aufl. (Bd. 14.)
Mathem. Streifzüge durch die Geschichte der Astronomie. Von P. Kirchberger (Bd. 40.)

In Vorbereitung: Doehlemann, Mathem. und Architektur. Kerst, Leitfaden der Planimetrie. Kirchberger, Atom- und Quantentheorie. Schütze, Die mathem. Grundlagen der Lebensversicherung. Winkelmann, Der Kreisel. Wolff, Feldmessen und Höhenmessen.

Verlag von B. G. Teubner in Leipzig und Berlin

Preisänderung vorbehalten

Umstehendes Bildnis ist das von Pierre Simon Laplace (1749—1827)

MATHEMATISCH-PHYSIKALISCHE BIBLIOTHEK

HERAUSGEGEBEN VON **W. LIETZMANN** UND **A. WITTING**

== 42 ==

MATHEMATIK UND BIOLOGIE

VON

DR. MARTIN SCHIPS

IN ZÜRICH

MIT 16 FIGUREN IM TEXT

1922

Springer Fachmedien Wiesbaden GmbH

ISBN 978-3-663-15306-1   ISBN 978-3-663-15874-5 (eBook)
DOI 10.1007/978-3-663-15874-5

INHALT

Einleitung 3

I. ZUR MORPHOLOGIE

A. Größenverhältnisse der Organismen 5
   Leistungsfähigkeit der Organe 5
   Festigung des Körpers 7
   Formwiderstand beim Fliegen und Schweben 9
   Wärme- und Wasserökonomie 13
   Korrelation der Organe 14
B. Symmetrie der Organismen 15
   Kugelige, strahlige und zweiseitige Symmetrie . . . 15
   Blattstellung 19

II. ZUR ANATOMIE UND PHYSIOLOGIE

A. Mechanisch bedingte Gesetzmäßigkeiten im inneren Bau der Organismen 26
   1. Konstruktion biegungsfester Organe 26
   2. Spannungstrajektorien 32
      Architektur der Spongiosa 32
      Vegetationskegel der höheren Pflanzen 34
      Verlauf der Markstrahlen 35
   3. Bau der Blutgefäße 37
      a) Berechnung des günstigsten Verzweigungswinkels 37
      b) Berechnung des günstigsten Querschnittsquotienten 41
B. Das Webersche Gesetz 43
Schluß 48
Literatur 51

SCHUTZFORMEL FÜR DIE VEREINIGTEN STAATEN VON AMERIKA:
COPYRIGHT 1922 BY B. G. TEUBNER IN LEIPZIG.

ALLE RECHTE,
EINSCHLIESSLICH DES ÜBERSETZUNGSRECHTS, VORBEHALTEN.

EINLEITUNG

Daß die Mathematik, wie zu allen Naturwissenschaften, so auch zur Biologie in engster Beziehung steht, liegt im Wesen der Naturwissenschaften begründet. Denn diese sind dadurch charakterisiert, daß sie nicht nur die vorhandenen Dinge und ihre Veränderungen exakt erkennen und beschreiben, sondern von diesen Grundlagen aus weiterzuschreiten suchen zur Feststellung der *Kräfte,* welche den Wechsel der Erscheinungen verursachen, und der *Gesetze,* welche die Richtung ihrer Wirkungsweise bestimmen.

Unter allen Naturwissenschaften sind Astronomie, Physik und Chemie zuerst in die Lage gekommen, Naturgesetze aufzustellen und sie in diejenige Form zu bringen, welche wir als die zuverlässigste ansehen, nämlich die mathematische Form. Denn sobald es gelungen ist, den Ablauf eines Naturereignisses in eine mathematische Formel zu fassen, bei welcher die Wirkung als abhängige Veränderliche in einer bestimmten Funktion der unabhängig veränderlichen Ursache erscheint, ist es uns möglich gemacht, diesen Naturvorgang in allen seinen gegenwärtigen, vergangenen und zukünftigen Einzelfällen zu übersehen. Dieses Bestreben nach restloser Erkenntnis eines Naturvorganges gehört so sehr zu den fundamentalen Forderungen, die wir an eine exakte Wissenschaft zu stellen gewohnt sind, daß Kant (1786) sich zu dem viel zitierten Wort veranlaßt sah: „Ich behaupte aber, daß in jeder besonderen Naturlehre nur so viel eigentliche Wissenschaft angetroffen werden könne, als darin Mathematik anzutreffen ist."

Daß die genannten Wissenschaften am ehesten zu mathematisch formulierbaren Ergebnissen kommen konnten, hat seinen Grund im Gegenstand dieser Wissenschaften bzw. in der Art, wie sie diese Gegenstände zu erfassen versuchen. Denn hier, wo die leblose Natur durch den meist vereinfachenden Versuch im Laboratorium oder an Modellen erforscht wird, gelingt es verhältnismäßig leicht, einen Naturvorgang in möglichst einfache Erscheinungen gewissermaßen wie in seine Komponenten zu zerlegen, die dann mit weniger Schwierigkeit zu übersehen und zu analysieren sind. In der freien Natur aber, und hier besonders bei den Lebewesen, sind die Verhältnisse bis ins Unendliche kompliziert, so daß es den biologischen Wissenschaften erst sehr viel später gelang, wenigstens einige Erscheinungen ihres unübersehbar großen Tatsachenmaterials in mathematisch formulierbare Gesetze zusammenzufassen, und so über das anfängliche Stadium qualitativer Beschreibung hinaus zu quantitativer Erfassung der Lebenserscheinungen weiterzuschreiten.

Es kann bei der folgenden Darstellung mathematisch formulierbarer biologischer Gesetzmäßigkeiten auf nur annähernde Vollständigkeit kein Anspruch gemacht werden, schon deshalb nicht, weil die meisten der hier zu behandelnden Probleme noch im Flusse sind. Die Auswahl wird sich auf das einigermaßen Gesicherte zu beschränken haben und auch hier, unter Verzicht auf Einzelheiten, vornehmlich auf das Problem in seiner Gesamtheit eingehen.

Der Stoff wird in zwei Hauptabschnitte eingeteilt, je nachdem er sich mehr auf äußere, morphologische oder auf innere, anatomisch-physiologische Verhältnisse bezieht. Eine strenge Scheidung nach diesen Gesichtspunkten ist bei dem vielfachen Ineinandergreifen der Beziehungen nicht möglich und auch nicht notwendig; denn immer mehr müssen wir uns gewöhnen, einen Organismus nicht bloß durch Zerlegen in seine einzelnen Teile, sondern auch das Zusammenwirken dieser Teile in einem einheitlichen Ganzen verstehen zu lernen.

Eines der wichtigsten Gebiete der Biologie, auf welchem die mathematische Behandlung bereits eine Reihe großer Erfolge gezeigt hat, nämlich die Variations- und Vererbungslehre, fällt außerhalb des Rahmens der vorliegenden Arbeit, weil es bereits in Band 24 dieser Sammlung (Riebesell, P., Die mathematischen Grundlagen der Variations- und Vererbungslehre. Leipzig 1916) behandelt wurde.

I. ZUR MORPHOLOGIE

A. GRÖSSENVERHÄLTNISSE DER ORGANISMEN

Daß die Größenausdehnungen der Organismen sich innerhalb gewisser, für die einzelnen Arten oft sehr enger Grenzen halten, ist eine längst bekannte Erfahrungstatsache, welche in dem bekannten Satz ihren drastischen Ausdruck findet: „Es ist dafür gesorgt, daß die Bäume nicht in den Himmel wachsen." In der Geschichte der Organismen kehrt mit einer gewissen Regelmäßigkeit die Erscheinung wieder, daß die Individuen einer Formengruppe auszusterben beginnen, wenn in ihr ein bestimmtes Maximum der Körpergröße erreicht worden ist. Es sei nur erinnert an die großen Farn- und Bärlappbäume der Kohlenformation, an die riesigen Ammoniten der Kreide oder an die in der Trias ausgestorbenen Stegocephalen. Der Grund zu dieser Erscheinung liegt darin, daß mit der unbegrenzt zunehmenden linearen Vergrößerung schwere Störungen im Gesamtbetrieb der Lebenstätigkeiten verbunden sind, welche für sich allein genügen können, um das Aussterben einer Art zu besiegeln. Denn mit der Änderung der linearen Ausdehnung werden die meisten lebenswichtigen Beziehungen wesentlich verändert. Einige Beispiele mögen dies erläutern.

Die Arbeit, welche nötig ist, um eine Last p über die Strecke s zu bewegen, ist gegeben durch das Produkt:

$$a = ps.$$

Bei einem beweglichen Organ wächst nun p proportional der Masse, also mit l^3, während der Weg mit der Länge in geradem Verhältnis zunimmt. Demnach ist die zu leistende Arbeit der vierten Potenz der Länge proportional; in diesem Maße wächst die Arbeitsleistung, welche von den Muskeln des vergrößerten Tieres gefordert wird, wenn es die gleiche Beweglichkeit haben soll, wie die Ausgangsform. Die Arbeitsfähigkeit ist aber in erster Annäherung proportional der Muskelmasse; sie wächst also nur mit der dritten, nicht mit der vierten Potenz der Länge. Die Folge davon ist, daß unter sonst gleichen Umständen die beweglichen Organe eines Tieres verhältnismäßig um so kleiner werden müssen, je größer das Tier ist und daß umgekehrt kleinere Organismen relativ längere Extremitäten haben und entsprechend schnellere Bewegungen aufweisen können. Als Beweis sei an die oft sehr langen Flügel, Beine und Fühler besonders der kleinen Formen unter den Krebsen, Spinnen und Kerbtieren erinnert. Langbeinige Formen, wie etwa den bekannten „Weberknecht" *(Phalangium parietinum)* linear doppelt so groß zu konstruieren, würde praktisch unmöglich sein, weil seine Muskelmasse nur um das 8fache, die zur Bewegung seiner Beine nötige Arbeit aber um das 16fache zunehmen würde. Eine Vergrößerung auf etwa einen Meter Spannweite wäre nur noch die nicht mehr lebensfähige Karikatur eines auf dem Lande lebenden Tieres; verwirklicht ist eine solche Vergrößerung einigermaßen bei gewissen Formen der Tiefsee, so z. B. bei der Tiefseekrabbe *Macrocheira Kaempferi*, deren Beine bei 50 cm Körperlänge etwa 3 m Spannweite besitzen. In der Tiefsee sind eben die Lebensbedingungen wesentlich andere, als auf dem Lande, weil der Auftrieb des Wassers und das Fehlen des Wellengangs die an das Muskelsystem zu stellenden Anforderungen bedeutend herabsetzen.

Die gleiche Gesetzmäßigkeit finden wir nun nicht nur bei der Vergleichung verschiedener Tierformen von ungleicher Länge bestätigt, sondern sie beherrscht auch die Entwicklung der einzelnen Arten und Individuen. Es ist ein durchaus nicht seltener Fall, daß der Embryo oder die Larve eines Tieres verhältnismäßig längere Gliedmaßen hat, als die ausgewachsene Form. Dadurch, daß den Gliedmaßen in der Folge ein kleinerer Wachstumskoeffizient zukommt als den übrigen Körperteilen, werden sie derart verändert, daß die für ihre Bewegung aufzuwendende Arbeit der relativ geringeren Muskelmasse des größer gewordenen Tieres entspricht. Ein gutes Beispiel hierfür sind die Ergebnisse der Untersuchungen Przibrams (1906) über die Entwicklung der „Gottesanbeterin" *(Mantis religiosa)*, einer in den Mittelmeerländern heimischen Fangheuschrecke. Die jungen, eben aus dem Ei geschlüpften Tiere besitzen spinnenförmig lange

Extremitäten, die dann im Verhältnis zur Körperlänge immer kürzer werden, indem sie von Anfang an eine entsprechend geringere Wachstumsgeschwindigkeit besitzen. Die Gesamtlänge des Tieres steigt im Laufe der Entwicklung von 7 auf 52 mm; die tägliche Wachstumsgeschwindigkeit ist 0,204 mm. Bei den Extremitäten ist sie dagegen sehr viel geringer; sie beträgt für den Schenkel *(Femur)* eines Fangbeines im Tag 0,074 mm und für die Schiene *(Tibia)* 0,044 mm, so daß die Beine mit zunehmender Größe des Tieres relativ immer kleiner werden.

Beim Springen und Hüpfen sind die kleinen Formen ebenfalls im Vorteil; denn auch hier nimmt die Arbeit mit der vierten Potenz der Länge zu. Damit nämlich ein Körper von der Masse m um das n fache seiner linearen Ausdehnung, also um die Höhe $H = nl$ gehoben werde, ist ein Arbeit

$$a = mgH = mgnl$$

notwendig. Da die Masse m mit dem Kubus der Länge zunimmt, ist auch diese Arbeit proportional l^4; sie nimmt also l mal schneller zu oder ab, als das Gewicht des Körpers. Ein linear doppelt so großes Tier kann also mit gleicher Kraftentfaltung im Vergleich zur Länge seines Körpers nur halb so hoch springen, als das um die Hälfte kleinere, während ein 10 mal kleineres 10 mal höher zu springen vermag. So ist es verständlich, daß kleine Tiere, wie z. B. die Flöhe, das 200 fache ihrer Länge im Sprunge zurücklegen können, während andere, zum Springen annähernd ebenso gut eingerichtete, größere Tiere nur relativ viel geringere Sprungweiten erreichen. Die Heuschrecke z. B. springt nur etwa das 30 fache, die Springmaus das 15 fache, das Känguruh das 5 fache der eigenen Körperlänge. Ganz gleich sind die Verhältnisse bei schlechten Springern, d. h. bei Tieren, welche nicht, wie die guten Springer stark entwickelte Hintergliedmaßen haben. Die Waldmaus z. B. springt das 8 fache, das Mauswiesel das 6 fache, der Fuchs das 4 fache und der Löwe das 3 fache der Körperlänge.

Mit der Vergrößerung eines lebenden Organismus sind aber nicht bloß die Ansprüche an die Leistungsfähigkeit der Bewegungsorgane, sondern auch die Anforderungen an die mechanische Festigung des Körpers gestiegen. Die Biegung d, welche ein horizontaler, an den beiden Enden gestützter Balken von rechteckigem Querschnitt (Länge = l, Breite = b, Höhe = h) durch eine in der Mitte angreifende Last P erfährt, ist gegeben durch die Gleichung

$$d = \frac{1 \cdot Pl^3}{E \cdot h^3 b}, \quad \text{Abb. 1}$$

wobei E den Elastizitätsmodul bedeutet, eine von dem Material, nicht von der Größe des Körpers abhängige Konstante.

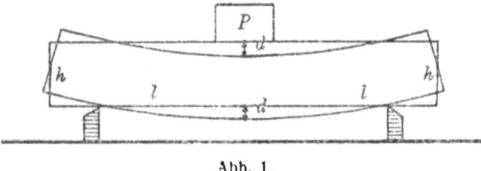

Abb. 1.

Werden nun sowohl Balken, als Last im gleichen linearen Verhältnis verändert (also P proportional l^3), dann muß d zu- oder abnehmen im Verhältnis $\frac{l^3 \cdot l^3}{l^3 \cdot l} = l^2$. Die Durchbiegung ist also proportional dem Quadrat der linearen Ausdehnung von Balken und Last; die Biegungsfestigkeit steht dementsprechend zu dem Quadrat der Länge im umgekehrten Verhältnis. Vergleichen wir ein Zündhölzchen mit einem linear 100 mal größeren Balken, so ist bei dem Zündhölzchen die Durchbiegung bei prozentual gleicher Belastung 10000 mal geringer oder die Biegungsfestigkeit ebensovielmal größer. Ganz gleich sind auch die Skeletteile eines kleineren Individuums um das Quadrat ihrer geringeren Ausdehnung biegungsfester, als die seines größeren Bruders. Die Vorteile, welche für die kleinen Formen aus dieser Tatsache hervorgehen, sind bedeutend; wir wissen, daß ein Insekt dem Zerdrücktwerden einen um so größeren Widerstand entgegensetzt, je kleiner es ist, und daß kleine Tiere von relativ enormen Höhen schadlos herunterfallen können. Bei größeren Tieren müßten die Skelettstücke bald gewaltige Dimensionen annehmen, sofern sie den erhöhten Anforderungen an die Festigkeit genügen sollten, so daß der Größenentwicklung der einzelnen Organismen auch durch die Rücksicht auf die Festigung des Körpers gewisse ziemlich enge Grenze gezogen sind. Schon Galileo Galilei (1564—1642) wies auf diese Tatsache hin, indem er bemerkte: „Es läßt sich leicht beweisen, daß nicht bloß die Menschen, sondern auch selbst die Natur die Größe ihrer Schöpfungen nicht über eine gewisse Grenze hinaus ausdehnen kann, ohne ein festeres Material zu wählen und ohne sie monströs zu verdicken, so daß ein Tier von riesigen Dimensionen eine unmäßige Dicke haben müßte." Denn je größer das Tier ist, desto bedeutender muß die Masse seines Skelettes im Verhältnis zur Gesamtmasse sein. So beträgt z. B. bei Säugern das Gewicht des Skelettes in Prozenten des Gesamtgewichtes ausgedrückt: bei der Spitzmaus 7,9%, bei der Hausmaus 8,4%, beim Kaninchen 9%, bei der Katze 11,5%, bei einem mittelgroßen Hund 14%, beim Menschen 17—18%; oder in der Reihe der Vögel: beim Zaunkönig 7,1%, beim Haushuhn 11,7%, bei der Gans 13,4%. Mit zunehmendem Größenwachstum müßte das Skelett zuletzt so massig werden, daß die zum Tragen seines Gewichtes nötige Muskelmasse unverhältnismäßig groß und das Tier zuletzt ein unförmlicher Fleischklumpen werden müßte. —

Die Vergrößerung der linearen Ausdehnung kann aber für einen lebenden Körper nicht nur deshalb verhängnisvoll werden, weil die Leistungsfähigkeit des Bewegungsapparates und die Festigkeit des Skelettes relativ kleiner werden, sondern auch deshalb, weil das Verhältnis der Oberfläche zum Volumen mit zunehmender Größe für die Oberfläche immer ungünstiger wird. Denn da die Oberfläche mit dem Quadrat, das Volumen aber mit dem Kubus der Länge zunimmt, muß die Oberfläche bei großen Formen relativ klein, bei kleinen relativ groß werden. Diese Tatsache ist immer dann für Organismen von ungünstiger Bedeutung, wenn diese darauf angewiesen sind, Energieformen zu benützen, welche im gleichen Verhältnis wie die Oberfläche zu- und abnehmen. Dies ist z. B. der Fall beim Fliegen und Schweben.

Die Wirkung des Flügelschlages hängt von der Größe des Luftwiderstandes ab, und dieser wird bedingt außer durch die Geschwindigkeit der Gegenbewegung durch die Größe der Flügelfläche. Diese ist aber bei ähnlichen Formen relativ um so kleiner, je größer die Tiere sind. Bei einer Fliege *(Tabanus infuscatus)* von 0,16 g Gewicht kommen auf 1 g

11 000 mm² Flügelfläche, bei einer großen Libelle *(Aeschna cyanea)* von 0,92 g 2500 mm², beim Ligusterschwärmer *(Sphinx ligustri)* von 1,92 g 1000 mm²; ganz gleich sind die Verhältnisse bei den Vögeln: bei der Rauchschwalbe (20 g) ist die auf 1 g Körpergewicht bezogene Tragfläche 675 mm², beim Mauersegler (33 g) 425 mm², beim Turmfalken (260 g) 260 mm², beim Seeadler (5000 g) 160 mm². Da der durch den Flügelschlag erzeugte Auftrieb mit dem Quadrate der Geschwindigkeit zunimmt, ist außer der Fläche auch die *Form* der Flügel von Bedeutung. Denn der Flügel bewegt sich in einem Gelenk, das an dem einen Ende liegt, und so haben die Teile des Flügels eine umso größere Geschwindigkeit, je weiter sie vom Drehpunkt des Gelenkes entfernt sind. Die Folge davon ist, daß von zwei Flügeln von gleichem Flächeninhalt, von denen der eine kürzer und breiter, der andere länger und schmäler ist, bei gleichem Ausschlagswinkel und bei gleicher Schlagdauer der längere eine größere Wirkung erzielt als der kürzere. Deshalb können größere Flieger wegen der absolut größeren Länge ihrer Flugorgane eine bedeutendere Wirksamkeit ausüben als kleinere und auf diese Weise den Mangel an Flugfläche einigermaßen ausgleichen, besonders wenn die Flügel lang und schmal sind. Daß es aber doch nicht möglich ist, die Abnahme der Tragfläche mit der zunehmenden absoluten Größe zu kompensieren, beweist die Tatsache, daß gerade die größten Vögel flugunfähig sind. Riesenvögel, wie z. B. der Kasuar (Gattung *Casuarius*; Höhe bis 1,8 m), der Emu *(Dromaeus;* 2 m), der Strauß *(Struthio camelus;* 2,5 m) oder der ausgestorbene Moa *(Dinornis giganteus;* 3 m) haben wohl nie fliegen können, sondern Vorfahren von ihnen, welche kleiner waren, haben unter günstigen Verhältnissen (Mangel an Verfolgern) das Fliegen aufgegeben, und die Nachkommen konnten dann zu solchen Riesen heranwachsen.

Beim Schweben hat die Oberflächenvergrößerung eine noch viel größere Bedeutung, als beim Fliegen, weil es sich hier um eine rein passive Bewegungsart handelt. Die Geschwindigkeit, mit der ein Körper in einem Medium, z. B. im Wasser, sinkt, hängt außer von seinem Übergewicht auch von seiner Gestalt ab. Denn die Zahl der Wasserteilchen, welche er verdrängt, ist je nach seiner Gestalt verschieden groß; je mehr sie zunimmt, desto größer ist der Widerstand, den ein sinkender Körper findet, und umso geringer ist seine Sinkgeschwindigkeit. Diese ist demnach umgekehrt proportional dem „Formwiderstand" des Körpers, d. h. seiner Projektion auf die zur Sinkrichtung senkrechte Ebene. Ferner steht sie in umgekehrtem Verhältnis zur inneren Reibung des Mediums; sie ist z. B. in Salzwasser kleiner, als in reinem Wasser. In eine Formel zusammengefaßt ergibt sich (nach *Wo. Ostwald*):

$$\text{Sinkwiderstand} = \frac{\text{Übergewicht}}{\text{Formwiderstand} \times \text{innere Reibung}}.$$

Wenn dieser Quotient größer als Null ist, dann sinkt der Körper; damit der Körper schwebe, muß die Sinkgeschwindigkeit Null werden. Es ist klar, daß der Quotient, sofern ein Übergewicht vorhanden ist, für endliche Werte des Nenners nie Null wird, es kann aber doch, besonders bei kleinen Lebewesen infolge ihrer relativ großen Oberfläche, der Formwiderstand so hohe Werte annehmen, daß die Sinkgeschwindigkeit beinahe unmeßbar klein wird. In Luft sinkt z. B. ein Wassertröpfchen von 0,01 mm Durchmesser trotz des enormen Übergewichtes mit einer Geschwindigkeit von nur 3 mm in der Sekunde, so daß eine ganz geringe Gegenströmung der Luftteilchen genügt, um das Wasserbläschen am Sinken zu verhindern.

Bei den Organismen handelt es sich ausschließlich um das Schweben im Wasser oder in der Luft, wobei die Bedingungen im Wasser wegen des größeren spezifischen Gewichtes und der größeren inneren Reibung des Mediums viel günstiger sind, als in der Luft. Immerhin sind auch im Wasser nur kleine, makroskopisch kaum sichtbare Formen zum Schweben befähigt. Meist ist dabei die Oberfläche zur Vermehrung des Formwiderstandes durch Stacheln, Dornen, Borsten usw. vergrößert, welche die Länge des Körpers oft um ein Vielfaches übertreffen. Nur ganz kleine Formen können auf die Ausbildung solcher Schwebevorrichtungen verzichten und sogar Kugelgestalt annehmen, trotzdem die Kugel derjenige Körper ist, welche im Verhältnis zu seiner Masse die kleinste Oberfläche hat und deshalb für einen schwebenden Körper die denkbar ungünstigste Form darstellt. Ist ein Körper klein genug, so kann er sich sogar in Luft längere Zeit schwebend erhalten. Solche kleinste lebende Körper kommen vor bei den einzelligen Dauerformen (Sporen) mancher Organismen, besonders der Spaltpilze (Bakterien), bei den männlichen Fortpflanzungszellen der Blütenpflanzen (Pollenkörner) und bei manchen kleinen Samen und Früchten, die durch den Wind verbreitet werden. Als solche staubförmige Samen sind vor allem diejenigen der Orchideen anzuführen, deren Gewicht bis auf 0,000003 g herabgehen kann. Die Pollenkörner der „windblütigen" Pflanzen haben in der Regel einen Durchmesser, der kleiner ist als 0,001 mm, also, unter Voraussetzung der ganz ungünstigen Kugelform ein Verhältnis $O : V = \frac{4 r^2 \pi}{\frac{4}{3} r^3 \pi} = \frac{3}{r} = \frac{3}{0,001} = 3000 : 1$. Bei den noch kleineren Sporen der Spaltpilze ist das Verhältnis für die Oberfläche und somit für die Schwebefähigkeit noch unvergleichlich viel günstiger.

Aus diesen Beispielen, welche die günstigeren Bedingungen der kleinen Formen für die Lebenstätigkeiten erweisen, darf aber nicht etwa der Schluß gezogen werden, daß die Kleinheit der Form *nur* Vorteile nach sich ziehe; sie hat im Gegenteil auch ihre ungünstigen Folgen; denn sonst wäre nicht einzusehen, warum sich nicht die Ausbildung möglichst kleiner Formen als Endziel der Entwicklung darstellen sollte. Tatsächlich ist das Gegenteil der Fall; es wurde schon erwähnt, daß sehr viele Formen eben an ihrer auf Vermehrung der Körpergröße gerichteten Entwicklungstendenz zugrunde gegangen sind. Denn mögen auch immerhin kleinere Lebewesen über *relativ* erheblichere Kräfte verfügen als größere, — Kräfte, die es z. B. der Ameise ermöglichen, mit einer Last, die das Gewicht ihres Körpers um ein Vielfaches übersteigt, an Baumstämmen, Mauern usw. senkrecht emporzulaufen — so sind doch die *absoluten* Kräfte der kleinen Formen kleiner als die der großen, und so werden im „Kampf ums Dasein", wo eben das unerbittliche „Recht" des Stärkeren gilt, unter sonst gleichen Umständen die größeren Formen Sieger bleiben. Aber nicht nur absolut, sondern auch relativ sind die kleineren Formen eben wegen ihrer relativ großen Oberfläche in mancher Hinsicht benachteiligt; es betrifft dies vor allem den Wärmehaushalt und die Wasserversorgung des Organismus.

Der Wärmevorrat eines Organismus ist seinem Volumen proportional; auch die Möglichkeit, durch physiologische Vorgänge, z. B. durch die Atmung Wärme zu erzeugen, hängt von der Masse des zur Verfügung stehenden, brennbaren Materials, also ebenfalls vom Volumen ab. Dagegen steht der Wärmeverlust, den ein Körper durch Ausstrahlung erleidet, in geradem Verhältnis zur ausstrahlenden Oberfläche. Die Fähigkeit, Wärme zu speichern, wächst also mit dem Kubus, die Geschwindigkeit der Wärmeabgabe mit dem Quadrat der Länge. Die meisten Organismen nun sind *wechselwarm*, d. h. die Temperaturgrenzen, innerhalb welcher diese Wesen lebensfähig sind, liegen ziemlich weit auseinander. Da diese Organismen fast bei allen „gewöhnlichen" Temperaturen lebensfähig bleiben, ist bei ihnen ein besonderer Wärmeschutz in der Regel nicht vorhanden; sie kühlen sich auf die Temperatur ihrer Umgebung ab und erwärmen sich mit ihr. Nur die Vögel und die Säugetiere sind *gleichwarm*, d. h. sie können nur bei einer bestimmten Temperatur am Leben bleiben; eine Überschreitung der sehr engen Grenzen hat den Tod des Tieres zur Folge. Ihr Körper muß deshalb durch Wärmeisolation (Haare, Federn, Fettschicht usw.) gegen Abkühlung und Erwärmung geschützt sein. Geht nun die Körpergröße unter ein gewisses Maß hinunter, so müßte diese Wärmeisolation an Dichte und Umfang so sehr zunehmen, daß der Organismus zur Ausübung seiner Lebenstätigkeiten unfähig würde. Der kleinste Warmblüter, der Zwergkolibri *(Trochilus minimus)*, welcher auf Haiti und Jamaika heimisch ist, hat noch 2 g Körpergewicht und könnte jedenfalls nicht bis auf dieses geringe Körpergewicht hinuntergehen, wenn er statt in den Tropen in der gemäßigten oder gar in der polaren Zone lebte. Im allgemeinen nehmen die gleichwarmen Tiere gegen die Pole an Größe zu; kleinere Formen, welche in kalte Gegenden vordringen, wie z. B. kleine Nager und Spitzmäuse, ziehen sich beim Einsetzen der Kälte in Höhlen und Nester zurück oder graben sich ganz in die Erde ein. Wird die Atmung und somit auch die Wärmeerzeugung im Tierkörper geringer, wie dies z. B. während des Schlafes der Fall ist, so kauern sich die Warmblüter derart zusammen, daß die Oberfläche möglichst klein wird. Manchen gelingt es dabei, sich in hohem Maße der in diesem Falle günstigsten geometrischen Form, nämlich der Kugelform, zu nähern, so z. B. die Vögel, welche beim Schlafe den Kopf unter einen Flügel stecken und so niederhocken, daß auch die Füße äußerlich kaum mehr sichtbar sind.

Die ganz gleichen Verhältnisse, wie für die Wärmeabgabe liegen auch vor beim Wasserverlust durch Verdunstung. Da ohne Wasser das Protoplasma die Lebenstätigkeiten einzustellen gezwungen ist, können kleine Formen, weil sie eine relativ große, verdunstende Oberfläche besitzen, nur an feuchten Orten leben, am besten im Wasser oder dann als Schmarotzer in den Körpersäften anderer Lebewesen. Sofern solche Organismen an Orten leben, wo die Möglichkeit des Austrocknens besteht, besitzen sie in der Regel die Fähigkeit, trotz der infolge der Trockenheit unausbleiblichen Einstellung der Lebenstätigkeiten doch nicht dem Tode zu verfallen, sondern in Dauerformen (Sporen, Samen, Knollen usw.) überzugehen, welche gegen Temperaturwechsel und Wassermangel so gut wie unempfindlich sind und beim Wiedereintritt günstiger Bedingungen sofort ihre Lebenstätigkeiten wieder aufnehmen können, ein Zustand, welcher in der Winterruhe der ausdauernden höheren Pflanzen und im Winterschlaf mancher Tiere sein Gegenstück findet. Wasserfreie Samen werden auch durch Abkühlung auf die Temperatur der flüssigen Luft (-191^0 C) nicht getötet; dabei zeigen sich bei starken und plötzlichen Temperatursprüngen kleinere Samen widerstandsfähiger, als größere. Die Sporen der kleinsten, bis jetzt bekannten Lebewesen, der Bakterien, ertragen schadlos sogar stundenlange Abkühlung auf die Temperatur des flüssigen Wasserstoffes ($-252{,}5^0$ C).

Die hier berührten Probleme sind nur ein kleiner Ausschnitt aus dem ganzen Umfange jener Beziehungen, die sich aus den Größenverhältnissen der Organismen ergeben und die in ihrer Gesamtheit unter dem Begriff *der Korrelation der Organe* zusammengefaßt werden. Das hier geltende Grundgesetz, für welches schon Aristoteles, der „Vater der Zoologie" ein Reihe von Beispielen angab, wurde zuerst von Georg Cuvier (1769—1832) formuliert: „Jeder Organismus bildet ein einheitliches und geschlossenes Ganzes, so daß kein Organ sich ändern kann, ohne daß auch die anderen Teile sich entsprechend ändern müssen." Wenn auch Cuvier dieses Gesetz, das er rein biologisch aus der Funktion der einzelnen Organe ableitete, nicht näher auf seine quantitative Seite mathematisch untersuchte, so ist doch die Auffindung mathematisch bestimmter Verhältniszahlen für die einzelnen Formengruppen durchaus notwendig, umso mehr, als hier ein Fundamentalgesetz der Entwicklung vorzuliegen scheint. Denn es drängt sich immer mehr der Gedanke auf, daß auch die Formentwicklung der Organismen einer „Entropie", d. h. einem Ausgleich der in ihr vorhandenen Spannungsunterschiede zustrebe. Es dürfte diese Entropie am ehesten in derjenigen Ausbildung gefunden werden, welche alle Teile eines Organismus, ohne einen zu beeinträchtigen oder zu bevorzugen, zu einem harmonisch ausgeglichenen Ganzen vereinigt. Wahllos sehen wir die Natur immer neue Entwicklungsmöglichkeiten verwirklichen; der Katalog der ausgestorbenen Formen ist überreich an Monstrositäten, bei denen irgend ein Organ sich einseitig entwickelte, bis an seiner Überbildung („Hypertrophie") die ganze Entwicklungsreihe untergehen mußte. Eine Vergleichung der ausgestorbenen Lebewesen mit den heute lebenden zeigt unverkennbar eine Entwicklung in der Richtung immer besser ausgeglichener Proportionalität, während das weniger Ausgeglichene zugrunde geht. Es müßte aber auch diese morphologische Entropie, ebenso wie ihr Gegenstück, die Ausbildung extrem differenzierter Formzustände ein *Ende* der Entwicklung bedeuten.

B. SYMMETRIE DER ORGANISMEN

Wir pflegen einen Körper, dessen einzelne Teile sich in gesetzmäßiger Reihenfolge wiederholen, als symmetrisch zu bezeichnen und den Grad seiner Symmetrie nach dem Vorhandensein von Symmetrieebenen, Symmetrieachsen und Symmetriezentrum zu beurteilen. Die bei den Organismen vorkommenden Symmetrieverhältnisse lassen sich auf folgende drei Symmetrieformen zurückführen:

a) *Zweiseitig* symmetrisch (= bilateral, zygomorph) ist ein Körper, welcher nur eine Symmetrieebene besitzt; diese teilt ihn in zwei spiegelbildlich gleiche Hälften (rechts und links).

b) *Strahlig* (= radiär, aktinomorph) gebaut ist ein Körper, welcher mehrere Symmetrieebenen aufweist, welche sich in einer Symmetrieachse schneiden. Diese Achse besitzt die Eigenschaft, daß der Körper, wenn er um sie gedreht wird, bei einer vollständigen Umdrehung n mal mit der Anfangsstellung zur Deckung kommt.

c) *Kugelige* (sphärische) Symmetrie besitzt ein Körper, welcher nicht nur mehrere Symmetrieebenen, sondern auch mehrere Symmetrieachsen aufweist, welche sich in einem Punkte, dem Symmetriezentrum schneiden. Das Symmetriezentrum teilt alle durch dasselbe innerhalb des Körpers gelegten Geraden in zwei gleiche Hälften. — Geometrische Beispiele für diese Symmetriearten sind: für die zweiseitige Symmetrie Pyramiden mit gleichschenklig dreieckiger Grundfläche, für die strahlige Symmetrie Kegel und Pyramiden von regulärer Grundfläche, für die kugelige Symmetrie die Kugel und die regulären Körper.

Es ist klar, daß von den drei genannten Symmetrien die sphärische den höchsten Grad von Symmetrie besitzt. Unter den Organismen finden wir nun diese nur bei den kleinen Formen, und zwar unter diesen fast ausschließlich bei den einzelligen Lebewesen verwirklicht. Jede freie Zelle nimmt in der Ruhelage kugelige Gestalt an, schon wegen der Oberflächenspannung, welche sie zwingt, die Oberfläche im Vergleich zum Volumen möglichst klein zu machen. Die kugelige Symmetrie ist demnach für die freie Zelle das primäre; die schönsten Beispiele hierfür bieten die Kieselskelette der Radiolarien. Diese im Meere lebenden einzelligen Tiere bilden ein Gerüst aus Kieselsäure: konzentrische Kugelschalen mit zahlreichen Öffnungen, so daß das Ganze das Aussehen eines Gitterwerkes erhält. Sie verwirklichen dabei alle theoretisch möglichen Formen kugeliger Symmetrie, indem sie durchaus stereometrischen Einteilungsprinzipien folgen, wie sie z. B. Haeckel (1866) in seiner Promorphologie mathematisch abgeleitet hat.

Bei größeren Formen ist es in erster Linie der Einfluß der *Schwerkraft*, welcher ihnen das Beibehalten kugeliger Symmetrie nicht möglich macht. Bei jedem Organismus stehen die unteren Teile unter dem Drucke der oberen; dieser Druck wächst mit der Masse, also proportional dem Kubus der Länge. Bei kleinen Formen ist dieser Druck dementsprechend so gering, daß er nicht genügt, um die nach allen Richtungen des Raumes gleichmäßig sich erstreckende Gestaltungskraft der lebenden Zelle nach oben und unten gegensätzlich zu verändern; mit dem Größerwerden der Formen muß aber die Schwere rasch zu einer ihr entsprechenden Anordnung der Teile und zur Ausbildung von Stützorganen führen. Die Gleichartigkeit von Oben und Unten kann also nur bei den kleinsten Formen gewahrt bleiben; bei den anderen muß die zur Richtung der Schwerkraft senkrechte Ebene, also die Horizontalebene, aufhören, Symmetrieebene zu sein. Die sphärische Symmetrie geht unter dem Einfluß der Schwerkraft in die radiäre über. Tatsächlich finden wir bei denjenigen Lebewesen, bei denen die Schwerkraft allein oder doch in ausschlaggebendem Maße die Gestaltung beeinflußt, also vor allem bei den festgewachsenen Organismen, strahlige Symmetrie sehr verbreitet. Ich erinnere nur an das Habitusbild eines normal gewachsenen Baumes oder an die strahlige Symmetrie vieler Blüten, ferner an die Polypen, Korallen, Seelilien usw.

Tritt aber zur Richtung der Schwerkraft noch eine zweite Richtung starker Beanspruchung hinzu, welche mit der Schwerkraft nicht parallel geht, dann wird durch diese beiden sich schneidenden Richtungen die Lage einer Ebene bestimmt, welche dann als die einzige mögliche Symmetrieebene des betreffenden Organismus übrig bleibt. So sehen wir z. B. bei Bäumen, welche starkem einseitigem Wind ausgesetzt sind, daß der Stammquerschnitt dann nicht mehr einen Kreis, sondern eine Ellipse darstellt, deren große Achse der vorherrschenden Windrichtung parallel gerichtet ist. Auch die Schwerkraft selbst kann, sofern ein Organ durch Drehung eine andere Stellung zu ihr einnimmt, die ursprünglich strahlige Anordnung der Teile zu einer zweiseitigen umgestalten. Sehr deutlich zeigen dies z. B. manche Liliengewächse, bei denen man an dem gleichen Stengel vertikale, genau strahlige Blüten neben geneigten beobachten kann, wo unter dem erneuten Einflusse der Schwerkraft die radiäre Symmetrie durch Aufwärtskrümmen der Staubfäden usw. in die bilaterale umgewandelt wurde.

Der häufigste Fall, bei welchem außer der Schwerkraft noch eine andere mechanische Beanspruchung den Grad der Symmetrie einengt, ist die *Beweglichkeit* der Lebewesen.

Denn jeder sich bewegende Körper erfährt durch das Medium einen Widerstand, welcher mit dem Quadrate der Geschwindigkeit zunimmt und den Körper zu drehen sucht, wenn sein Schwerpunkt nicht in die Bewegungsachse oder (bei nicht vertikaler Bewegung) nicht in die durch sie und die Schwerkraft bestimmte, vertikale Ebene fällt. Dementsprechend sind die beweglichen Tiere bilateral gebaut, wobei es von besonderer Bedeutung ist, daß die Bewegungsorgane rechts und links genau symmetrisch seien, wenn eine geradlinige Bewegung gewährleistet sein soll. Wie sehr hier schon kleine Abweichungen vom streng symmetrischen Bau von Bedeutung sein können, zeigt das Beispiel des Menschen, der doch gewiß nicht zu den schnellsten Lebewesen gehört. Die gewöhnlich vorhandene, geringe Asymmetrie seiner Beine und Arme läßt ihn sofort Kreisbewegungen ausführen, wenn es ihm aus irgendeinem Grunde nicht möglich ist, durch die Sinne die Abweichung von der geraden Richtung zu kontrollieren und dann — unbewußt — durch größere Anstrengung der schwächeren Extremität auszugleichen. Da das linke Bein des Menschen in der Regel kräftiger und 1—2 cm länger ist als das rechte, geht der des Nachts oder im Nebel der Orientierung beraubte Mensch nach rechts im Kreise herum; auch gehetzte Tiere, welche in der Angst den Gebrauch der Sinne verloren haben, so der Bär, das Reh, der Fuchs und besonders der Hase beschreiben Kreise. Wenn der Mensch seine Arme zur Fortbewegung benützt, wie z. B. beim Rudern, kommt auch hier die Asymmetrie zum Ausdruck; da der rechte Arm stärker ist als der linke, erfolgt hier die Kreisbewegung im umgekehrten Sinne als beim Gehen (Guldberg, 1896).

Ein besonders lehrreiches Beispiel, wie weit äußere Faktoren die Symmetrieverhältnisse eines lebenden Körpers beeinflussen können, zeigt sich überall dort, wo es sich darum handelt, den zur Verfügung stehenden Raum möglichst vollständig auszunützen. Die im freien Zustande kugeligen Zellen erhalten dabei einen polygonalen Querschnitt. Tritt dabei zugleich noch die Forderung hinzu, daß die einzelnen Elemente in ihrer Masse möglichst wenig beschränkt sein sollen, dann wird dieser polygonale Querschnitt sich immer mehr einem regelmäßigen Sechseck nähern; prismatische Gebilde ergeben dann einen Anblick, wie wir ihn an den Zellen der Bienenwaben gewöhnt sind, und wie ihn z. B. die Oberfläche des aus vielen Augenkeilen zusammengesetzten Fazettenauges der Gliederfüßler darbietet; sie ist in zierliche regelmäßige Sechsecke eingeteilt, welche die Grundflächen der pyramidenförmigen Augenkeile bilden. Es ist leicht einzusehen, daß diese Einteilung der Grundfläche geometrisch den günstigsten Fall darstellt. Auf planimetrische Verhältnisse reduziert, läßt sich nämlich die Aufgabe auf folgende Weise formulieren: Es soll eine Fläche in lückenlos aneinanderschließende Felder so zerlegt werden, daß die einzelnen Felder im Vergleich zu ihrem Umfang eine möglichst große Fläche besitzen; das Bedürfnis, Material und Raum zu sparen, begründet die Forderungen der Aufgabe. Die Bedingung der größten Fläche bei kleinstem Umfang ist nun bei den regelmäßigen Figuren und unter diesen beim Kreis am besten erfüllt. Kreisförmig dürfen aber die einzelnen Felder nicht sein, weil sonst ein lückenloser Zusammenhang nicht möglich ist; aus dem gleichen Grunde kommen nur jene regelmäßigen Vielecke in Betracht, deren Winkel als Faktor in 360^0 enthalten sind. Es sind dies die Winkel 60^0, 90^0 und 120^0, also das regelmäßige Dreieck, Viereck und Sechseck. Eine Berechnung dieser drei Figuren und ihr Vergleich mit dem Kreis ergibt nun, daß von den drei in Betracht kommenden Vielecken das Sechseck das günstigste ist; seine Fläche bleibt nur wenig hinter dem überhaupt möglichen Maximum, dem Kreis, zurück. Dieser sechseckige Querschnitt findet sich nun bei langgestreckten organischen Gebilden selbst dann verwirklicht, wenn er ihrer inneren Symmetrie gar nicht entspricht. Gerade die angeführten Fazettenaugen zeigen dies deutlich; denn, obschon sie äußerlich die sechsseitige Symmetrie angenommen haben, sind sie doch im Innern vierseitig symmetrisch geblieben; der unter der Linse in jedem Augenkeil befindliche Kristallkörper ist der Länge nach aus vier Teilen zusammengesetzt, welche in der zentralen Achse unter einem rechten Winkel zusammenstoßen.

Eine besondere Art der Symmetrie findet sich bei der Stellung der Blätter an den Sprossen der Pflanze verwirklicht. Zunächst ist hier wieder die Schwerkraft von Einfluß, welche eine möglichst gleichmäßige Belastung der aufrechten

Stengel, also radiäre Symmetrie verlangt. Tatsächlich zeigen denn auch die Blattstellungen vieler Pflanzen strahlige Anordnung, nämlich überall dort, wo bei jedem Stengelknoten mehrere Blätter ihren Ursprung haben, also bei der sogenannten quirligen oder wirteligen Blattstellung. Sämtliche in einem Knoten entspringenden Blätter bilden einen Quirl oder einen Wirtel, in welchem immer zwei benachbarte Blätter um den gleichen Winkel gegeneinander gedreht sind. Diesen Winkel nennt man die Divergenz; sie läßt sich am einfachsten in Form eines Bruches angeben, welcher anzeigt, in wieviele Teile der Stengelumfang (= 360°) geteilt worden ist (Abb. 4).

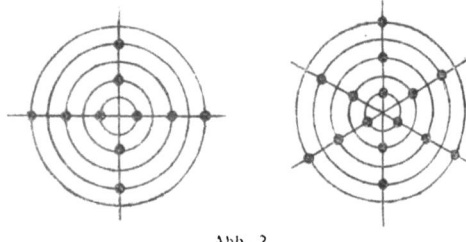

Abb. 2.

Bei einem aus n Blättern bestehenden Wirtel ist dieser Bruch $\frac{360}{n}$; die Abb. 2 gibt die Querschnitte für $n = 2$ und $n = 3$.

Mit der Rücksicht auf die Schwere ist aber nur die eine Seite des Problems ausgedrückt; es ist dabei vor allem der Hauptaufgabe der grünen Laubblätter, mit Hilfe der Sonnenenergie die anorganischen Nährstoffe zu assimilieren, nicht Rechnung getragen. Diese Aufgabe erfordert, daß die Blätter möglichst gleichmäßig dem Sonnenlichte ausgesetzt sind. Bei der quirligen Blattstellung wird dies vielfach dadurch erreicht, daß, wie Abb. 2 zeigt, die einzelnen aufeinanderfolgenden Quirle um den Winkel $\frac{360°}{2n}$ gegeneinander gedreht sind. Aber auch dann werden sich die Blätter eines Quirles um so mehr gegenseitig überschatten, je zahlreicher sie sind; deshalb erscheinen die Blätter eines Quirles vielfach in vertikaler Richtung auseinandergerückt, wodurch die quirlige Blattstellung in die spiralige übergeht. Die Blätter stehen dann nicht mehr auf dem Umfang eines Kreises, sondern auf einer Spirale symmetrisch[1]) verteilt, welche den Stengel umwindet (Abb. 3). Die nahe Verwandtschaft dieser Symmetrie mit derjenigen des Kreises, aus welcher sie sich auch ableiten läßt[2]), geht durch Vergleichung der Abbildung 2 mit der Abbildung 3 deutlich hervor.

Die in der Spiralstellung der Laubblätter verwirklichten Gesetzmäßigkeiten sind so auffallend, daß man sich schon seit langem mit der mathematischen Formulierung und Deutung dieser Verhältnisse befaßte, zuerst K. F. Schimper (1834), A. Braun (1835) und die beiden Bravais (1837).

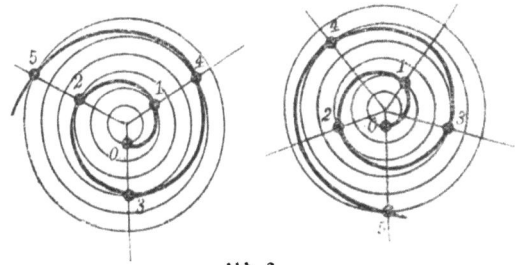

Abb. 3.

Leider verlor man sich bald darauf, einem zur „Naturphilosophie" neigenden Modetrieb folgend, in mystische Spekulationen über die „Spiraltendenz der Vegetation"; es ist bekannt, mit wie großem Eifer und mit wie wenig bleibendem Erfolg sich z. B. Goethe diesen Bestrebungen zugewandt hat. Auf den Boden der Wirklichkeit wurde die Blattstellungslehre erst wieder zurückgeführt durch die Arbeiten von Hanstein (1857) und Hofmeister (1868), welche die Blatt-

---

1) Es ist zwar nicht gebräuchlich, von „spiraliger Symmetrie" zu reden. Da man aber unter Symmetrie überhaupt die gesetzmäßige Wiederholung der Teile eines Ganzen zu verstehen hat, so ist nicht einzusehen, warum symmetrische Verteilung längs einer Spirale und somit „spiralige Symmetrie" ein Widerspruch sein sollte.

2) Es darf hier nicht unterlassen werden, darauf hinzuweisen, daß die mathematische Ableitung einer Bildung mit ihrer stammesgeschichtlichen Entstehung nicht identisch zu sein braucht; gerade bei der Blattstellung deuten verschiedene Tatsachen darauf hin, daß nicht die Quirlstellung, sondern die Spiralstellung die ursprüngliche und dementsprechend der Quirl als zusammengedrängte Spirale anzusehen ist.

stellungen aus den Blattanlagen abzuleiten suchten; später erregte besonders Schwendener (1878) Aufmerksamkeit und Widerspruch durch seinen Versuch, die Blattstellungen aus dem gegenseitigen Druck der sich berührenden Blattanlagen im Vegetationskegel mechanisch zu erklären.

Im folgenden sollen, unter Verzicht auf die Erörterung strittiger Punkte, die Grundlagen der Blattstellungslehre und die biologische Bedeutung der in Frage kommenden Blattstellungen kurz dargestellt werden. Aus sehr vielen Beobachtungen hat sich ergeben, daß die scheinbar außerordentliche Mannigfaltigkeit der verschiedenen Blattstellungen sich auf verhältnismäßig wenige, oft wiederkehrende Fälle zurückführen läßt. Die häufigsten Divergenzen, wie bei der quirligen Blattstellung durch einen echten Bruch ausgedrückt, lassen sich in folgende Reihe A ordnen:

$$A \quad \frac{1}{2} \quad \frac{1}{3} \quad \frac{2}{5} \quad \frac{3}{8} \quad \frac{5}{13} \quad \frac{8}{21} \quad \frac{13}{34} \ldots$$

Als Beispiele seien angeführt:

$\frac{1}{2}$ ... die zweireihigen Blätter mancher Zwiebelpflanzen (*Clivia*), sowie der horizontalen Zweige der Ulme und anderer Bäume.

$\frac{1}{3}$ .... Riedgräser, Erle, Birke.

$\frac{2}{5}$ .... sehr häufig: Weide, Rosen, Steinobst.

$\frac{3}{8}$ .... Kohl, Astern, Habichtskräuter.

$\frac{5}{13}$ .... Nadeln verschiedener Nadelhölzer, Königskerze (*Verbascum*).

$\frac{8}{21}$ .... Schuppen der Fichten und Tannenzapfen.

$\frac{13}{34}$ .... Schuppen der Zapfen von *Pinus laricio*; höhere Glieder der Reihe bei den Blüten und Hüllblättern der Korbblütler (Composíten), z. B. bei der Sonnenblume, bei Disteln usw.

Am einfachsten findet man den Blattstellungsquotienten dadurch, daß man an einem nicht gedrehten Stengel die Blätter nach ihrer Reihenfolge durch einen Faden verbindet, der dann als Blattstellungsspirale um den Stengel herumläuft. Der Nenner n des Bruches wird durch dasjenige Blatt bestimmt, welches über dem mit Null bezeichneten steht, der Zähler durch die Anzahl der vollständigen Umläufe der Spirale um den Stengel zwischen dem 0 ten und dem n ten Blatt. Steht z. B. das 8. Blatt über dem 0. und geht der Faden dreimal um den Stengel herum, so ist die Blattstellung $\frac{3}{8}$. Geht man in der Spirale in der entgegengesetzten Richtung, in der Abb. 4 also nach links statt nach rechts, so wird man einen anderen Blattstellungsquotienten erhalten, welcher demjenigen Winkel entspricht, der den ersten zu 360^0 ergänzt; die Summe der so erhaltenen Quotienten ist 1. Man erhält also in dem angeführten Beispiel $\frac{5}{8}$ statt $\frac{3}{8}$; statt $\frac{2}{5}$ würde man $\frac{3}{5}$, statt $\frac{m}{n}$ allgemein $\frac{n-m}{n}$ erhalten. Es ergibt sich so eine Reihe B, deren einzelne Glieder, zu denjenigen der Reihe A addiert, die konstante Summe 1 ergeben

B $\quad\frac{1}{2}\quad\frac{2}{3}\quad\frac{3}{5}\quad\frac{5}{8}\quad\frac{8}{13}\quad\frac{13}{21}\quad\frac{21}{34}$ ....

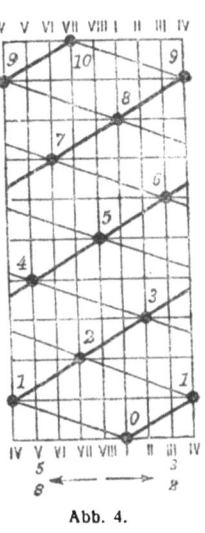

Abb. 4.

Für die Blattstellung ergeben beide Reihen dasselbe; es ist also an sich gleichgültig, welche Reihe man wähle; der Bequemlichkeit halber wird man die Reihe A wegen der kleineren Zähler vorziehen. Das Bildungsgesetz dieser Reihen ist unmittelbar ersichtlich: Zähler und Nenner sind gleich der Summe der beiden vorhergehenden Zähler und Nenner. Die genannten Reihen sind die weitaus häufigsten; es kommen aber als Blattstellungsquotienten auch Glieder anderer Reihen vor, die alle das gleiche Bildungsgesetz haben; die beiden ersten Zähler sind 1 und 1; die beiden ersten Nenner n und $n+1$.

B $\quad\frac{1}{1}\quad\frac{1}{2}\quad\frac{2}{3}\quad\frac{3}{5}\quad\frac{5}{8}\quad\frac{8}{13}\quad\frac{13}{21}$ ....

A $\quad\frac{1}{2}\quad\frac{1}{3}\quad\frac{2}{5}\quad\frac{3}{8}\quad\frac{5}{13}\quad\frac{8}{21}\quad\frac{13}{34}$ ....

$\quad\quad\frac{1}{3}\quad\frac{1}{4}\quad\frac{2}{7}\quad\frac{3}{11}\quad\frac{5}{18}\quad\frac{8}{29}\quad\frac{13}{47}$ ....

$\quad\quad\frac{1}{4}\quad\frac{1}{5}\quad\frac{2}{9}\quad\frac{3}{14}\quad\frac{5}{23}\quad\frac{8}{37}\quad\frac{13}{60}$ usw.

Allgemein:

$\frac{1}{n}\quad\frac{1}{n+1}\quad\frac{2}{2n+1}\quad\frac{3}{3n+2}\quad\frac{5}{5n+3}\quad\frac{8}{8n+5}\quad\frac{13}{13n+8}$.

Die Zähler sind bei allen Reihen die gleichen; entscheidend für die Größe der Glieder sind die beiden ersten Nenner n und $n+1$. Man erkennt sofort, daß die Glieder immer zwischen den beiden Anfangsgliedern eingeschlossen bleiben, daß sie also einem endlichen Endwert zustreben. Um diesen Grenzwert zu finden, zerlegt man am einfachsten die einzelnen Brüche in Kettenbrüche, z. B.:

$$\frac{5}{5n+3} = \frac{1}{\frac{5n+3}{5}} = \frac{1}{n+\frac{3}{5}} = \frac{1}{n+\frac{1}{\frac{5}{3}}} = \frac{1}{n+\frac{1}{1+\frac{2}{3}}} =$$

$$= \frac{1}{n+\frac{1}{1+\frac{1}{\frac{3}{2}}}} = \frac{1}{n+\frac{1}{1+\frac{1}{1+\frac{1}{2}}}} = \frac{1}{n+\frac{1}{1+\frac{1}{1+\frac{1}{1+1}}}}$$

$$\frac{8}{8n+5} = \frac{1}{\frac{8n+5}{8}} = \frac{1}{n+\frac{5}{8}} = \frac{1}{n+\frac{1}{\frac{8}{5}}} = \frac{1}{n+\frac{1}{1+\frac{3}{5}}} =$$

$$= \frac{1}{n+\frac{1}{1+\frac{1}{1+\frac{1}{1+1}}}} \text{ usw.}$$

Man sieht, daß sich immer der gleiche Kettenbruch wiederholt; der Grenzwert x ist also

$$\frac{1}{n+\frac{1}{1+\frac{1}{1+\frac{1}{1+\cdots}}}} = x.$$

Um x zu finden, setzen wir $\frac{1}{n+y} = x$; somit:

$$\frac{1}{1+\frac{1}{1+\frac{1}{1+\cdots}}} = y; \text{ es ist also } y \text{ ein echter Bruch.}$$

Symmetrie der Organismen

Dann ist aber auch $\dfrac{1}{1+y} = y$

$$y^2 + y - 1 = 0$$

$y = \dfrac{-1 \pm \sqrt{1+4}}{2} = \dfrac{-1 \pm \sqrt{5}}{2} < |1|$; es ist für y das positive Zeichen zu wählen, da y als echter Bruch den Wert ± 1 nicht erreichen darf. Wir erhalten somit für x den Wert

$$x = \dfrac{1}{n + \dfrac{-1+\sqrt{5}}{2}} = \dfrac{2}{2n-1+\sqrt{5}} = \dfrac{2(2n-1-\sqrt{5})}{(2n-1)^2 - 5} =$$

$$= \dfrac{2(2n-1-\sqrt{5})}{4n^2 - 4n + 1 - 5} = \dfrac{2(2n-1-\sqrt{5})}{4n^2 - 4n - 4} = \dfrac{2n-1-\sqrt{5}}{2n^2 - 2n - 2}.$$

Für die bei der Blattstellung am häufigsten vorkommenden Reihen A ($n=2$) und B ($n=1$) ergeben sich dann folgende Grenzwerte x_1 und x_2:

$x_1 = \dfrac{2-1-\sqrt{5}}{2-2-2} = \dfrac{\sqrt{5}-1}{2}$	$x_2 = \dfrac{4-1-\sqrt{5}}{8-4-2} = \dfrac{3-\sqrt{5}}{2}$
$x_1 = 0{,}431966 = 137°30'28''$	$x_2 = 0{,}568034 = 222°29'32''$

$$x_1 + x_2 = 1 = 360°.$$

Man sieht sofort, daß es sich hier um eine Teilung nach dem goldenen Schnitt handelt, und zwar ist x_1 der kleinere und x_2 der größere Abschnitt:

$1 : x_1 = x_1 : (1 - x_1)$	$1 : (1 - x_2) = (1 - x_2) : x_2$
$x_1^2 = 1 - x_1$	$(1 - x_2)^2 = x_2$
$x_1^2 + x_1 - 1 = 0$	$x_2^2 - 3 x_2 + 1 = 0$
$x_1 = \dfrac{-1 \pm \sqrt{5}}{2} < 1$	$x_2 = \dfrac{3 \pm \sqrt{5}}{2} < 1$
$x_1 = \dfrac{\sqrt{5}-1}{2}$	$x_2 = \dfrac{3-\sqrt{5}}{2}.$

Dieses Ergebnis, daß das Blattstellungsverhältnis gegen einen irrationalen Grenzwert konvergiert und daß dieser bei den in der Natur am häufigsten verwirklichten Fällen identisch ist mit der Teilung des Kreises nach dem goldenen

Schnitt, ist das merkwürdigste, was im Blattstellungsgesetze liegt. Die günstige Folge, welche das Vorherrschen gerade der Reihen A und B, also derjenigen mit kleinstem n für die Funktion des Stammes und der Blätter, nach sich zieht, ist unschwer zu erkennen. Denn bei dieser Reihe wird schon mit der kleinsten Zahl von Blättern, nämlich mit 2 und 3 die gleichmäßige Verteilung der Blätter am Stengelumfang und so die gleichmäßige Belastung des Stengels erreicht, während dies für höhere Werte von n (z. B. für $n = 100$) erst viel später (beim 100. Blatte) der Fall wäre. Gegenüber der quirligen Blattstellung besitzt die spiralige aber den Vorteil, daß die Blätter in vertikaler Richtung größere Abstände zwischen sich frei lassen und so sich weniger gegenseitig beschatten. Da die Divergenzen bei den Reihen A und B zwischen den Grenzen $1/2$ und $1/3$ bzw. $2/3$ liegen, ist immer das folgende Blatt um den größten möglichen Winkel gegen das vorhergehende gedreht und wird ihm so auch bei starker Breitenausdehnung nicht „vor der Sonne stehen".

II. ZUR ANATOMIE UND PHYSIOLOGIE

A. MECHANISCH BEDINGTE GESETZMÄSSIGKEITEN IM INNEREN BAU DER ORGANISMEN

1. Konstruktion biegungsfester Organe. Im ersten Teile war von der Festigung des lebenden Organismus die Rede, soweit diese von Einfluß ist auf die äußere Gestalt des Körpers; hier handelt es sich um den inneren, anatomischen Bau der Festigungsorgane, wobei vor allem gezeigt werden soll, ob und wieweit die Konstruktion des Skelettes der Tiere und des Festigungssystems der Pflanzen der Forderung genügt, mit geringstem Aufwand an Material eine möglichst große Festigkeit zu erreichen. Da nun unsere Technik das gleiche Ziel ständig vor Augen hat, ist zu erwarten, daß die statisch-mechanischen Gesetze, welche der Ingenieurtechnik zugrunde liegen, auch in der Konstruktion der Festigungsorgane der Lebewesen Anwendung finden. Diese Gesetze hier einzeln abzuleiten und darzulegen, ist natürlich nicht möglich; es muß genügen, die Prinzipien, soweit sie hier in Betracht kommen, kurz auseinanderzusetzen; die mathematischen Ableitungen sind den Lehrbüchern zu entnehmen.

Wenn ein viereckiger Balken (Höhe des Querschnittes = h, Breite = b), welcher an dem einen Ende befestigt ist, an dem anderen freien Ende durch ein Gewicht P belastet wird, dann erfährt er eine Biegung in dem Sinne, daß die obere Seite des Balkens verlängert und die untere verkürzt wird. Es herrscht also oben Zug (Z) und unten Druck (D), während die Mitte des Balkens frei von Spannung bleibt. Denn sowohl Zug als Druck nehmen gegen die Mitte zu ab und werden in der neutralen Schicht (N) gleich Null. Um also einen Balken bei geringstem Materialaufwand möglichst tragfähig zu machen, muß die Hauptmasse des Materials an die

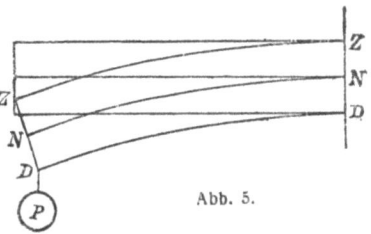

Abb. 5.

Orte der größten Spannung verlegt werden, d. h. also an die obere und die untere Grenzfläche; zur Ausfüllung des Zwischenraumes kann weniger widerstandsfähiges Material, ein Maschensystem, Gitterwerk usw. verwendet werden.

Die mathematischen Berechnungen ergeben in Übereinstimmung mit obiger Überlegung, daß ein Balken, wenn ihm durch Aushöhlung Material entzogen wird, nicht in dem gleichen Maße an Widerstandsfähigkeit einbüßt und daß ein hohl konstruierter Balken widerstandsfähiger ist als ein anderer, welcher mit gleichem Materialaufwand massiv gebaut wurde. Für den Biegungswiderstand W erhält man bei einem rechteckigen Balken:
$$W = \frac{bh^3}{12},$$
bei einem quadratischen: $W = \frac{s^4}{12}$,

bei einem zylindrischen: $W = \frac{r^4 \pi}{4}$.

Bei einem hohlen Balken wird zur Berechnung von W der innere Querschnitt von dem äußeren subtrahiert; man erhält demnach

$$W = \frac{BH^3 - bh^3}{12} \text{ oder } W = \frac{S^4 - s^4}{12} \text{ oder } W = \frac{(R^4 - r^4)\pi}{4}.$$

Nimmt man z. B. einem zylindrischen Träger durch Konstruktion als Hohlzylinder bei gleichbleibendem Umfang einen Teil seiner Masse, wie sie dem Radius der Höhlung $r = \frac{R}{n}$ entspricht, dann wird sein Widerstand

$$W = \frac{\pi}{4}\left(R^4 - \frac{R^4}{n^4}\right) = \frac{\pi \cdot R^4}{n}\left(1 - \frac{1}{n^4}\right) = \frac{\pi \cdot R^4}{n} \cdot \frac{n^4 - 1}{n^4}.$$

Der Widerstand des massiven Balkens verhält sich also zu dem des ausgehöhlten bei gleichem äußerem Umfang wie $1 : \frac{n^4 - 1}{n^4}$. Ist also z. B. der kleine Radius halb so groß wie der große, dann verhalten sich die Massen des massiven und des hohlen Zylinders wie 4:3 und ihre Widerstände wie 16:15; trotzdem also die Masse um 25% abgenommen hat, ist der Biegungswiderstand nur um 6,25% kleiner geworden. — Läßt man anderseits die Masse (bzw. den Querschnitt) unverändert, konstruiert aber den Träger als Hohlzylinder, so erhält man, wenn man den Radius des massiven Balkens = 1, seinen Querschnitt also = π und seinen Widerstand = $\frac{\pi}{4}$ setzt, für die Radien R und r und den Widerstand W des Hohlzylinders die Beziehungen

$$R^2\pi - r^2\pi = \pi$$
$$R^2 = r^2 + 1$$
$$W = \frac{\pi}{4}(R^4 - r^4) = \frac{\pi}{4}[(r^2 + 1)^2 - r^4] = \frac{\pi}{4}(2r^2 + 1).$$

Es verhalten sich also die Widerstände des massiven und des hohlen Balkens wie $1 : (2r^2 + 1)$. Ist z. B. der Radius des Lumens halb so groß wie der des massiven Zylinders, so ist das Verhältnis der Widerstände bei gleichem Materialaufwand $1 : \frac{3}{2} = 2 : 3$. Da dieses Verhältnis für endliche Werte von r seinen größten Wert nicht erreicht, kann theoretisch der Durchmesser eines biegungsfesten Körpers beliebig groß gewählt werden. Dabei wird aber die Wanddicke bald so gering ausfallen, daß auf der Druckseite eine Einknickung erfolgen müßte. Deshalb muß in der Praxis eine gewisse Wanddicke immer erhalten bleiben, deren Minimalgröße natürlich von der Wahl des verwendeten Materials abhängig ist; bei gußeisernen Säulen muß die Wanddicke 17—20% und selbst in äußersten Fällen noch etwa 12% des Durchmessers betragen.

Der Nachweis, daß das Material, welches zur Festigung lebender Körper dient, in seiner Anordnung diesen statischen Gesetzen folgt, wurde zuerst 1873 durch Hermann v. Meyer an den Röhrenknochen der Wirbeltiere geliefert. Daß die größeren Knochen im Innern einen Hohlraum besitzen, welcher bei den meisten Wirbeltieren mit Mark, bei den Vögeln mit Luft gefüllt ist, war schon immer bemerkt worden, und man erkannte die biologische Bedeutung dieser Tatsache darin, daß auf diese Weise die Knochen ohne Verringerung ihres Umfanges leichter wurden. Bei dieser Überlegung, die ja unbestreitbar richtig ist, blieb aber die Hauptfrage unberücksichtigt, ob und wie weit sich diese Verminderung der Knochenmasse mit der mechanischen Widerstandsfähigkeit der Knochen vertrage. Diese Frage untersuchte nun H. v. Meyer, indem er die Leistungsfähigkeit der Knochen in ihrer Verwendung als horizontale Tragbalken und als vertikale Stützsäulen berechnete. Er stellte dabei folgende Werte fest:

a) Die *Tragkraft B*; sie ist gegeben durch diejenige Kraft, welche, in der Richtung der Achse wirkend, gerade genügt, um den Knochen zu zerknicken.

b) Die *Biegungsfestigkeit P*; sie ist gleich derjenigen Kraft, welche, wenn sie senkrecht zur Längsachse wirkt, gerade genügend ist, um den Knochen zu zerbrechen.

Die Formeln sind
für massive Zylinder:
$$B = \frac{\pi}{4} \cdot R^3 \cdot \frac{K}{l} \quad \text{und} \quad P = \frac{\pi^3}{16} \cdot R^4 \cdot \frac{E}{l^2},$$
für Hohlzylinder:
$$B = \frac{\pi}{4} (R^3 - r^3) \cdot \frac{K}{l} \quad \text{und} \quad P = \frac{\pi^3}{16} \cdot (R^4 - r^4) \frac{E}{l^2}.$$

In diesen Formeln bedeuten
R den Radius des äußeren Umfangs,
r den Radius des Lumens bei den Hohlzylindern,

l die Länge des Zylinders,
K den Festigkeitsmodul des Materials und
E den Elastizitätsmodul des Materials.

Die Werte, welche H. v. Meyer erhielt, sind in folgender Tabelle zusammengestellt:

Gleicher Durchmesser = 100	Querschnitt	Biegungsmoment als Tragbalken	Tragkraft als Stützsäule
1. Massiver Zylinder	$2500\,\pi$	$98\,197 = 1000^0/_{00}$	$12\,111\,635 = 1000^0/_{00}$
2. Hohlzylinder; $r = 30$	$1600\,\pi$	$85\,471 = 870{,}40^0/_{00}$	$10\,542\,210 = 870{,}40^0/_{00}$
3. Hohlzylinder; $r = 40$	$900\,\pi$	$57\,976 = 590{,}40^0/_{00}$	$7\,150\,900 = 590{,}40^0/_{00}$
Gleicher Querschnitt = $1600\,\pi$	Radius		
4. Massiver Zylinder	$R = 40$	$50\,277 = 1000^0/_{00}$	$4\,961\,040 = 1000^0/_{00}$
2. Hohlzylinder	$R = 50$; $r = 30$	$85\,471 = 1700^0/_{00}$	$10\,542\,210 = 2125^0/_{00}$
5. Lamellensystem	$R_1 = 100$ $R_{10} = 10$	$154\,367 = 3070^0/_{00}$	$29\,965\,110 = 6040^0/_{00}$

Die Vergleichsstücke sind:

1. Ein massiver Zylinder; $R = 50$.

2. Ein Hohlzylinder; $R = 50$; $r = 30$, als schematisches Bild eines gesunden Röhrenknochens.

3. Ein Hohlzylinder; $R = 50$; $r = 40$, als schematisches Bild eines marastischen Röhrenknochens.

4. Ein massiver Zylinder; $R = 40$.

5. Ein Lamellensystem als Bild der Spongiosa.[1]) Von diesem wird vorausgesetzt, daß sein Querschnitt den gleichen Flächeninhalt habe, wie die Zylinder 4 und 2, also $1600\,\pi$. Der Radius des äußersten Umfangs der äußersten Lamelle wird $= 100$ angenommen, die folgenden zu 90, 80, 70, 60, 50, 40, 30, 20 und 10. Die Berechnung ergibt dann als Dicke einer Lamelle 1,31, so daß die Radien der einzelnen Lumina bzw. gleich 98, 69; 78, 69 usw. zu setzen sind.

Die Tabelle ermöglicht den Vergleich von je drei verschieden gebauten zylindrischen Knochen von gleichem Durchmesser bzw. von gleichem Querschnitt; die Werte sind auf Tausendstel des massiven Vergleichszylinders zurückgeführt. Es ergibt sich:

1. Durch Aushöhlung wird in den Knochen die Widerstandsfähigkeit nicht in demselben Grade vermindert, wie

---

1) Näheres über die Spongiosa in dem folgenden Abschnitt: Spannungstrajektorien.

die Masse abnimmt. Denn bei unverändertem äußerem Durchmesser verhalten sich die Flächeninhalte der einzelnen Querschnitte und somit auch die Volumina der Knochen 1, 2 und 3 wie 25 : 16 : 9 oder wie 100 : 64 : 36; ihre Widerstandsfähigkeit sowohl als horizontaler Balken, wie als vertikale Säule hat aber im Verhältnis 100 : 87 : 59 abgenommen.

2. Bei gleichem Querschnitt, d. h. also bei Verwendung der gleichen Masse nehmen die hohlen Knochen mit der Vergrößerung ihres äußeren Durchmessers auch an Festigkeit zu, und zwar mehr, als der Zunahme des Radius entspricht. In den Beispielen 4, 2 und 5 verhalten sich die Radien wie 4 : 5 : 10 oder wie 100 : 125 : 250; die Biegungsmomente dagegen wie 100 : 170 : 307 und die Tragfähigkeiten wie 100 : 213 : 604. Es ist also beim Bau der hohlen Knochen trotz der sparsamen Verwendung des Materials die mechanische Festigkeit durchaus nicht beeinträchtigt. Indem das Material so auseinandergerückt ist, daß es eine größere Oberfläche besitzt, ist nicht nur seine Festigkeit in hohem Grade gestiegen, sondern es bietet auch den Sehnen und Bändern größere Ansatzstellen und wird erst durch diesen Umstand befähigt, in dem ganzen, äußerst komplizierten Bewegungsapparate die Rolle des Widerlagers zu übernehmen.

Bei den Pflanzen fand Schwendener (1874) prinzipiell die gleichen Verhältnisse. Alle oberirdischen Pflanzenteile müssen biegungsfest sein, so vor allem die Stengel und die Stämme, welche der Biegung nach den verschiedensten Seiten, je nach der Richtung des eben herrschenden Windes Widerstand zu leisten haben. Die verschiedenen Verteilungsarten der mechanischen Zellen stimmen alle darin überein, daß die widerstandsfähigen Elemente möglichst weit von der neutralen Schicht abgerückt, d. h. also möglichst vom Zentrum entfernt peripher gelagert sind. Das biegungsfeste Material, der sog. Bast, liegt in der Rinde, während sich im Zentrum weiches Mark oder, wie z. B. bei den Gräsern, ein Hohlraum befindet. Gerade die Gräser sind kaum zu übertreffende Vorbilder für die Konstruktion biegungsfester Träger; man denke nur etwa an einen Getreidehalm, der bei einem Basisdurchmesser von nur einigen Millimetern in 1—2 m Höhe „spielend" die Ähre trägt. Dies ist natürlich nur möglich, wenn das zur Verwendung kommende Material eine hohe Tragfähigkeit und Elastizität besitzt. Tatsächlich hat der Bast der Pflanzen ein Tragvermögen von 15—20 kg auf 1 mm² Tragfläche, er kann also in dieser Beziehung mit gutem Stahl verglichen werden.

2. Spannungstrajektorien. Die eben besprochenen Röhrenknochen sind nicht in ihrer ganzen Länge als Hohlzylinder ausgebildet, sondern besitzen nur in ihrem Mittelstücke den Charakter einer Röhre von ganz freiem Lumen, während sie an den Gelenkenden von zahlreichen Knochenbalken und Knochenplättchen durchzogen sind, welche ein scheinbar regelloses Maschenwerk bilden. Dieses wird als Schwammsubstanz (Substantia spongiosa oder kurz Spongiosa) von der festen Knochenmasse (Substantia dura) unterschieden. Bei vielen Knochen nun, und zwar besonders bei denjenigen, welche in bestimmten Richtungen mechanisch beansprucht werden, zeigt sich eine deutliche Regelmäßigkeit in der Struktur der Spongiosa; das klassische Beispiel hierfür ist der menschliche Oberschenkelknochen (Abb. 6). Die kompakte Masse der Röhre wird gegen die Gelenkenden immer dünner, indem sie sich in einzelne Fasern auflöst, welche sich nach innen zu einem zelligen Gerüste verbinden. Die Balken verlaufen dabei in parallelen Bögen, welche sich durch Spaltung in mehrere Äste fächerförmig ausbreiten. Dabei durchkreuzen sich die rechtsseitigen und die linksseitigen Stäbchen immer unter einem rechten Winkel, so daß sie quadratische oder rechteckige Hohlräume einschließen und sich als ein System rechtwinkliger Trajektorien darstellen.

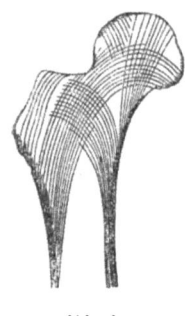

Abb. 6.

Diese Regelmäßigkeit wurde zuerst von dem bereits genannten H. v. Meyer erkannt und 1866 der Züricher Naturforschenden Gesellschaft an Knochenpräparaten vorgezeigt. Bei dieser Gelegenheit machte C. Culmann, der Begründer der graphischen Statik, darauf aufmerksam, daß die merkwürdige Anordnung der Blättchen der Spongiosa in stark beanspruchten Knochen dieselben Linien darstelle, welche die graphische Statik als die Kurven des maximalen Druckes und des maximalen Zuges zu bezeichnen pflegt und welche den Spannungstrajektorien im Innern belasteter Balken entsprechen. Beim menschlichen Oberschenkel z. B. verlaufen die Knochenfasern ganz gleich, wie in einem gebogenen Krane, der an seinem oberen Ende eine seitliche Last, nämlich das Gewicht des menschlichen Körpers zu tragen hat.

Der Grund, weshalb die Stäbchen der Spongiosa in der Regel *rechtwinklige* Trajektorien darstellen, liegt darin, daß auf diese Weise die sog. *Scherkräfte* ausgeschaltet sind. Drückt nämlich (Abb. 7) eine Kraft K gegen eine Fläche f, so zerlegt sich ihre Wirkung in zwei Komponenten, von denen die eine, K_1 auf f senkrecht steht, während die andere, K_2, der Fläche parallel geht. Die Kraft K_1 drückt die beiden Teile I und II des Körpers gegeneinander, während K_2 den obern Teil gegen den untern gleitend zu verschieben sucht. Diese Kraft K_2, welche Scherkraft genannt wird, erreicht den Wert Null, wenn K senkrecht zu f angreift. Indem nun die einzelnen Lamellen der Spongiosa durch Querstäbe gegenseitig verbunden sind, kann die einzelne Lamelle für sich dem Druck bzw. dem Zug nicht ausweichen, da sie von den benachbarten Lamellen gehalten und gestützt wird.

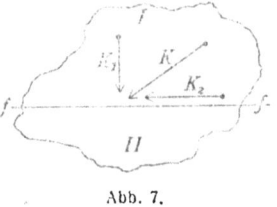

Abb. 7.

Was hier von dem menschlichen Oberschenkelknochen gesagt wurde, gilt allgemein von der Anordnung der Spongiosa. Von den kurzen, rundlichen Knochen z. B. der Fußwurzel sind diejenigen am einfachsten gebaut, welche von zwei einander gegenüberliegenden parallelen Flächen aus unter Druck stehen; bei ihnen findet sich zwischen den beiden Flächen eine Anzahl fester Stäbchen ausgespannt, welche zu den beiden Flächen senkrecht gestellt sind und so den Druck von beiden Seiten her aufnehmen. In anderen rundlichen Knochen dagegen, welche von mehreren Seiten her dem Druck ausgesetzt sind, findet sich im Innern ein rundmaschiges, starkes Gefüge zur Aufnahme des in den verschiedenen Richtungen einsetzenden Druckes. Bei besonders komplizierter Beanspruchung, z. B. in den Gelenkenden, wo der Zug der Muskeln angreift, treten zu den für die statische Festigkeit notwendigen Lamellen noch andere hinzu, welche die Fortsetzung der an den Gelenkenden sich ansetzenden Sehnen und Bänder darstellen. So sind die Knochen nach denselben Gesetzen gebaut, wie gegitterte Pfeiler oder Gitterbrücken, oder auch wie unsere Tische und Stühle, wo statt einer massiven Stützmasse nur eine Reihe von Stäben verwendet wird, welche so gerichtet sind, wie sich der Belastungsdruck in der massiven Masse fortpflanzen würde. Der Knochen erscheint demnach als ein Gebilde, welches mit dem geringsten Aufwand an Material die größte Widerstandsfähigkeit erreicht.

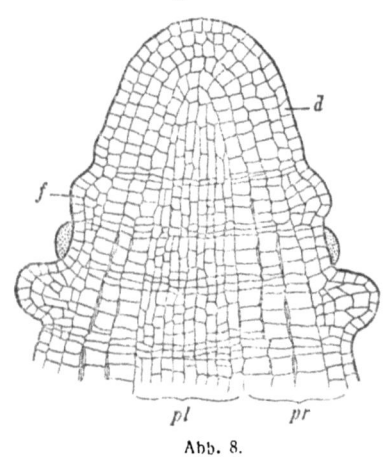

Abb. 8.

Das gleiche Prinzip des statischen Gleichgewichtes, welches die gesetzmäßige Anordnung der Spongiosa bedingt, finden wir auch bei den Wachstumserscheinungen der Pflanzen bestätigt. Bei den höheren Pflanzen sind die Spitzen der Stengel und der Wurzeln als sogenannte Vegetationskegel ausgebildet; d. h. sie stellen ein kegelförmiges, aus dünnwandigen Zellen bestehendes Organ dar, welches durch ständige Zellteilungen das Längenwachstum der Pflanze bewirkt (Abb. 8). Im Längsschnitt zeigen sich dabei mantelförmig übereinander gelagerte Zellschichten, welche, wie zuerst Sachs erkannte, eine Schar konfokaler Parabeln darstellen. Diese Parabeln werden dann rechtwinklig durch eine Schar anderer Parabeln geschnitten, welche mit den ersten den gleichen Brennpunkt und die gleiche Achse haben, aber in der entgegengesetzten Richtung verlaufen (Abb. 9). Die beiden Parabelscharen werden als Antiklinen (1, 2, 3, 4, 5 usw.) und als Periklinen (I, II, III, IV usw.) bezeichnet. Die Parabelform der Periklinen ist durch die paraboloide Form des Vegetationskegels gegeben; daß die neuen Querwände sich rechtwinklig zu den Periklinen einstellen, beruht darauf, daß nach den Untersuchungen von Errera und Berthold die Anlage neuer Zellwände denselben Gesetzen folgt, wie die Bildung einer dünnen Flüssigkeitslamelle, z. B. in dem Schaum einer Seifenlösung. Diese bilden immer sog. Minimalflächen, bei welchen die Oberflächenspannung den geringsten Wert erreicht; sie stellen sich also, wenn sie zwischen zwei parallelen Wänden ausgespannt werden, senkrecht zu diesen. Spannt man z. B. in einem kubischen Rahmen eine Seifenlamelle in der Richtung der Diagonale aus (Abb. 10), dann wird sich dieselbe so lange verschieben, bis sie das Minimum der Oberflächenspannung erreicht hat, was natürlich dann der Fall ist, wenn sie den Würfel recht-

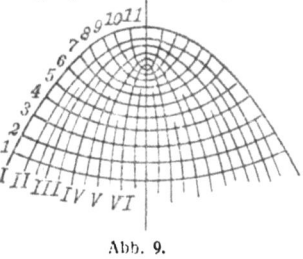

Abb. 9.

winklig durchschneidet. Entsprechend kommt auch eine sich bildende neue Zellwand erst ins statische Gleichgewicht, wenn sie als kleinste Fläche sich rechtwinklig an die schon vorhandenen parallelen Wände der Periklinen ansetzt. Wenn nun die Zellwand wenigstens im Augenblick ihres Entstehens flüssig wäre, dann würde sich die Anlage neuer Wände bei den Zellteilungen auf das Gesetz des Gleichgewichtes von Flüssigkeitslamellen ohne

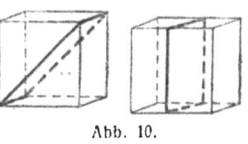

Abb. 10.

Schwierigkeit zurückführen lassen. Da es aber bis jetzt noch nicht gelungen ist, den flüssigen Zustand der sich bildenden Zellwände nachzuweisen, so müssen wir uns damit begnügen, die große Ähnlichkeit, welche zwischen beiden Erscheinungen offenbar besteht, festzustellen, ohne über die Ursachen dieser Übereinstimmung etwas Bestimmtes aussagen zu können.

Ähnliche Spannungstrajektorien bilden auch die Markstrahlen, welche an Querschnitten durch die Stämme der Holzgewächse in Erscheinung treten. In dem Querschnitt durch einen normalen Stamm zeigen sich die Jahresringe als konzentrische Kreise und die Markstrahlen als Radien (Abb. 11).

Tritt nun aber aus irgend einem Grunde, z. B. wegen einseitiger mechanischer Beanspruchung, exzentrisches Dickenwachstum auf, dann werden diese geradlinigen Markstrahlen gekrümmt und bilden dann rechtwinklige Trajektorien der exzentrischen Jahresringe (Abb. 11b). In der Regel sind nun aber diese Trajektorien nicht orthogonal, sondern zeigen einen von 90^0 etwas abweichenden Winkel, wie er den punktierten Linien in Abb. 11b und Abb. 12 entspricht. Wenn wir von abnormen Ursachen solcher Abweichungen (z. B. Verwundung oder Platzkonkurrenz verwachsener Stämme) absehen, so finden wir die normale Hauptursache in der Spannung der Rinde. Diese erreicht beim Dickenwachstum

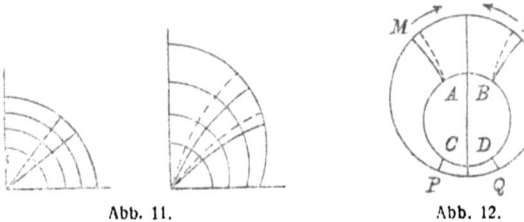

Abb. 11.   Abb. 12.

einen erheblichen Wert (bis 1000 g auf einen Rindenstreifen von 1 mm Breite) und verteilt sich bei konzentrischer Anlage der Jahresringe gleichmäßig auf den ganzen Umfang; bewirkt also in diesem Falle keine Verschiebung der radialen Gebilde. Erfolgt dagegen das Dickenwachstum exzentrisch, dann ist die Zunahme der Rindenspannung auf der stärker wachsenden Seite größer als auf der entgegengesetzten. In Abb. 12 bezeichnen die orthogonalen Trajektorien AM, BN, CP und DQ die normalen Verschiebungswege der Punkte A, B, C und D des kleinen Kreises, welche so gewählt sind, daß sie gleichweit von der Symmetrieachse abstehen. Durch das exzentrische Dickenwachstum erfährt nun aber dieser Abstand in PQ einen viel kleineren Zuwachs als in MN, so daß hier ein Rindenstück viel stärker gespannt wird als in PQ. Der stärker gespannte Teil MN ist dementsprechend mit viel größerer Kraft bestrebt, sich zusammenzuziehen, als PQ und wird vermöge dieses Übergewichtes die Punkte M und N in der Richtung gegen die Symmetrieachse verschieben, wie es in den Abb. 11 und 12 durch die punktierten Linien angegeben ist, welche dem tatsächlichen Verlauf der Markstrahlen in exzentrischen Stämmen entsprechen.

3. Bau der Blutgefäße. Daß es für die Organe des Blutkreislaufes von größter Bedeutung ist, ihre Arbeit nach dem Prinzip des kleinsten Kraftverbrauches leisten zu können, geht schon aus der Größe der Leistung hervor, welche von diesen Organen während des ganzen Lebens ohne Unterbrechung gefordert wird. So beträgt die Tagesarbeit des menschlichen Herzens etwa 18000 mkg. Bei einer derart enormen Beanspruchung ist es als unumgänglich anzusehen, daß jede unnütze Energieausgabe vermieden wird, da sie die Lebensfähigkeit des gesamten Organismus stark beeinträchtigen müßte. Es sind demnach im Bau der Zirkulationsorgane Anordnungen zu erwarten, welche es ihnen ermöglichen, mit geringstem Kraftaufwand den größten Effekt zu erzielen. Einige Bedingungen hierfür hat in neuester Zeit W. R. Heß mathematisch abgeleitet und dann die tatsächlich vorhandenen Eigenschaften der Kreislauforgane auf ihre Übereinstimmung mit den theoretisch günstigsten Verhältnissen geprüft.

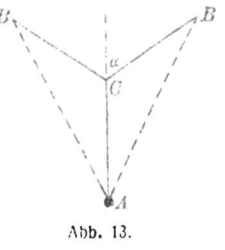

Abb. 13.

Für die Größe der energetischen Belastung der Kreislauforgane ist außer der Menge des Blutes und seiner inneren Reibung (Viskosität) vor allem auch der Druck bestimmend, welcher notwendig ist, um das Blut trotz des Widerstandes des Gefäßsystems in Zirkulation zu erhalten. Dieser Druck, um dessen Berechnung es sich im folgenden in erster Linie handelt, ist abhängig

a) von der Länge der vom Blute zurückzulegenden Strecken, also von der Art der Verzweigungen des Gefäßnetzes und

b) vom Querschnitt der Gefäße.

a) Berechnung des günstigsten Verzweigungswinkels. Es sei in Abb. 13 A die Ursprungsstelle eines Gefäßes, welches zwei Stellen B mit Blut zu versorgen hat. Dem Verlangen nach möglichster Kürze des Weges würde durch die geradlinige Führung, wie sie durch die beiden Strecken AB angedeutet ist, genügt, da diese den kürzesten Weg darstellen, kürzer, als z. B. die Führung über C, bei welcher die beiden

Gefäße auf der Strecke AC vereinigt bleiben. Dieser kürzeste Weg ist aber nur dann der günstigste, wenn wir von dem Energieverlust absehen, welcher in engen Gefäßen größer ist als in weiten. Der Reibungswiderstand ist nämlich unter sonst gleichen Umständen abhängig von dem Verhältnis der Wandflächen zum Volumen der Leitungsröhren; er steht demnach im umgekehrten Verhältnis zum Radius (bzw. zum Durchmesser) der Röhre. Bei sehr engen Gefäßen, welche auch als Haargefäße (Kapillaren) bezeichnet werden, wächst er aber nach dem Gesetz von Poiseuille noch viel rascher, nämlich im umgekehrten Verhältnis zum Quadrate der Fläche (= zur vierten Potenz des Radius). Der Energieverlust muß also in engen Gefäßen sehr bald hohe Werte erreichen, und es ist klar, daß in Abb. 13 der Umweg über C vorteilhafter ist, weil so ein Teil der engeren Bahn durch die gemeinsam geführte Strecke AC ersetzt ist, welcher wegen ihres größeren Querschnittes ein geringerer Energieverlust entspricht. Es handelt sich nun darum, die günstigste Verzweigungsstelle, d. h. den günstigsten Verzweigungswinkel α zu finden.

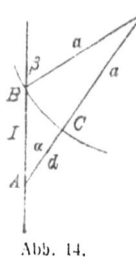

Abb. 14.

Zu diesem Zwecke kann man auf die folgende Weise vorgehen: In Abb. 14 stelle die senkrechte Gerade einen Hauptast dar, von dem aus eine Verzweigung nach P geführt werden soll. Der Energieverlust, den das Blut beim Zurücklegen einer Strecke von 1 cm im Stammgefäß erleidet, sei g, im Astgefäß, wo er natürlich wegen des kleineren Querschnittes einen größeren Wert erreicht, sei er G. Wir wählen nun zuerst zwei Verzweigungen AP und BP derart, daß ihnen der gleiche Energieverlust entspricht. Diese Bedingung ist ausgedrückt durch die Gleichung

I $\qquad AP \cdot G = AB \cdot g + BP \cdot G.$

Von P aus wird nun mit BP als Radius der Bogen BC gezogen. Setzt man nun $AB = l$; $AC = d$ und $BP = a$, dann erhält die Gleichung I die Form

Ia
$$(a + d) G = l \cdot g + aG$$
$$aG + dG = l \cdot g + aG$$
$$dG = l \cdot g$$

Mechanisch bedingte Gesetzmäßigkeiten

II
$$d : l = g : G.$$

Die günstigste Abzweigungsstelle muß nun zwischen A und B liegen, da ja der Winkel β zu groß und der Winkel α zu klein gewählt sind. Läßt man nun, immer unter Aufrechterhaltung der in Gleichung I formulierten Bedingung, die Punkte A und B immer näher gegeneinander rücken, dann werden auch die beiden Winkel immer mehr sich einander nähern und zuletzt, bei der Vereinigung der Punkte A und B nur einen einzigen Winkel bilden, welcher dann eben den günstigsten Verzweigungswinkel darstellt. Dabei wird der Bogen BC immer mehr zu einer Geraden und die Fläche ABC zu einem rechtwinkligen Dreieck. Dann läßt sich die Bedingung für den günstigsten Verzweigungswinkel α aus der Figur und aus der Gleichung II unmittelbar ablesen:

$$\cos \alpha = d : l = g : G.$$

Es ergibt sich also der Satz: *Der günstigste Verzweigungswinkel eines Astes ist derjenige, dessen Kosinus gleich ist dem Verhältnis des Energieverlustes, den das Blut im Stammgefäß erleidet zu dem Energieverlust, den es in einem gleichlangen Aststück erfährt.*

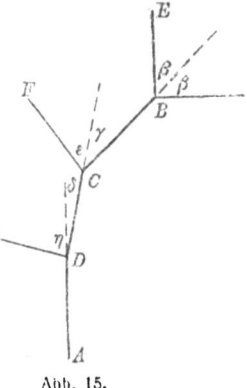

Abb. 15.

Nach diesem Gesetze gestaltet sich der Verlauf der Blutgefäße etwa folgendermaßen (Abb. 15): Für Äste von sehr engem Querschnitt ist derjenige Abzweigungspunkt der vorteilhafteste, welcher eine möglichst lange, gemeinsame Strecke aufweist; dies wird erreicht, wenn der Abzweigungswinkel sich einem rechten nähert. Da G im Verhältnis zu g bei engen Gefäßen einen hohen Wert annimmt, wird der Kosinus des Verzweigungswinkels sich dem Werte Null nähern (Abb. 15. Verzweigung bei D). Überhaupt geht bei ungleichmäßiger Aufteilung die Führung immer so, daß der stärkere der beiden Äste unter einem kleineren Winkel entspringt; da G bei weiteren Ästen kleiner ist als bei engeren, erhält man für diese einen größeren Wert für den Kosinus des Verzweigungswinkels und somit einen kleineren Winkel (Abb. 15. Verzweigung bei *C*). Bei Aufteilung des Stammes in zwei gleich starke Äste erfolgt die Abzweigung, da *G* für beide Äste den gleichen Wert besitzt, nach beiden Seiten unter dem gleichen Winkel; die Verzweigung wird in diesem Falle symmetrisch (Abb. 15. Verzweigung bei *B*).

Zur Prüfung, ob und wieweit die Verhältnisse bei den Blutgefäßen mit diesem „Kosinusgesetze" übereinstimmen, eignet sich jedes flächig ausgedehnte Gefäßnetz. Roux fand hierbei schon 1878, also 25 Jahre vor der Formulierung des Gesetzes durch Heß, eine Reihe von Gesetzmäßigkeiten, von denen folgende durch das genannte Gesetz ihre Erklärung finden:

„Teilt sich ein Stamm in zwei gleichstarke Äste, so stehen beide in gleichem Winkel zur Richtung des Stammes."

„Die Ablenkung des Arterienstammes ist stets geringer als die Ablenkung des Astes von der ursprünglichen Stammesrichtung."

„Diejenigen Äste der Aorta, der Arteria brachialis, femoralis und der Herzarterie, welche so schwach sind, daß bei ihrer Abgabe der Stamm keine Ablenkung zeigt, entspringen meist unter großen, über 70^0 betragenden Winkeln."

„Diejenigen Äste, welche so stark sind, daß bei ihrer Abgabe der Stamm beträchtlich abgelenkt ist, entspringen meist unter Winkeln von weniger als 70^0."

Man sieht, daß die von Roux empirisch aufgestellten Regeln die durch das Kosinusgesetz festgelegten Verhältnisse deutlich wiedergeben. Eine strikte Befolgung des Gesetzes kann freilich hier so wenig wie bei den andern mathematisch-biologischen Gesetzen erwartet werden, weil in der mathematischen Ableitung in der Regel nur ein einziger Faktor berücksichtigt wird, während noch eine Reihe anderer Faktoren bei der in Frage stehenden organischen Bildung beteiligt sein können, welche das alleinige Gelten eines einzigen Prinzips nicht zulassen. Solche Faktoren sind hier: Pressung durch die Muskeln, Verlegung des Weges durch andere Gebilde, nachträgliche Verlagerungen usw. Bei den Venen, wo der Energieverlust überhaupt von geringerer Bedeutung ist, wird man das Gesetz nur in wenigen, besonders günstigen Ausnahmefällen bestätigt finden.

b. Berechnung des günstigsten Querschnittsquotienten.

Da der Energieverlust in einer weiten Strombahn geringer ist, als in einer engen, so wären an sich möglichst weite Adern das Optimum für den Bluttransport. Im lebenden Organismus sind aber der Querschnittsentwicklung bestimmte, ziemlich enge Grenzen gesetzt. Die wichtigste einschränkende Bedingung ist, daß die im Körper vorhandene Blutmenge ausreichen muß, um den Rauminhalt des ganzen Systems zu füllen. Mit der Erweiterung des Gefäßnetzes müßte auch eine Vermehrung der Blutmenge verbunden sein, welche ihrerseits aber unmöglich ist, weil sie den Stoff- und Krafthaushalt des Organismus zu sehr einseitig belasten und dadurch andere, ebenso lebenswichtige Funktionen beeinträchtigen würde. Es ist also auch in Bezug auf den Querschnitt der Leitungsbahnen die Erreichung möglichst günstiger Verhältnisse von höchster Bedeutung.

Da mit jeder neuen Aufteilung die Äste enger werden, vergrößert sich der Widerstand mit jeder neuen Verzweigung, wenn diese Vergrößerung nicht durch eine Vermehrung des Gesamtquerschnittes wieder ausgeglichen wird. Die Summe der Astquerschnitte muß also größer sein als der Stammquerschnitt. Die Größe dieser Zunahme läßt sich ausdrücken durch das Verhältnis der Summe S der Astquerschnitte zum Stammquerschnitt Q. Dieses Verhältnis $S : Q$ werde kurz als *Querschnittsquotient* bezeichnet. Indem man nun den Widerstand als Funktion dieses Querschnittsquotienten ausdrückt, muß es möglich sein, denjenigen Querschnittsquotienten zu finden, welchem der kleinste Widerstand entspricht. Heß gibt diese Ableitung unter der Voraussetzung, daß sich der Stamm, wie dies bei den Kapillaren meistens der Fall ist, in zwei gleiche Äste, also symmetrisch teilt.

Nach dem Gesetze von Poiseuille ist der Widerstand einer kapillaren Strombahn dem Quadrate ihrer Strombahn umgekehrt proportional. Es ist also

$$\text{I} \qquad W_1 = \frac{K}{Q^2},$$

wobei W_1 den Widerstand des Stammgefäßes, Q dessen Querschnitt und K einen Zahlenwert bedeutet, welcher von der Viskosität der Flüssigkeit und von der Länge der Strombahn abhängig ist und bei der folgenden Ableitung als konstant angenommen wird. Es seien nun ferner w und q der Widerstand und der Querschnitt eines der beiden gleichen Äste, V und v die Mengen des in dem Stammgefäß und in je einem der beiden Äste zu transportierenden Blutes; dann erhält man den Wert für den Gesamtwiderstand W_2 der beiden gleichen Äste auf Grund folgender Beziehungen:

$$V = v + v$$

$$\frac{1}{W_2} = \frac{1}{w} + \frac{1}{w} = \frac{2}{w}$$

$$W_2 = \frac{w}{2} = \frac{K}{2\,q^2} = \frac{2\,K}{(2\,q)^2}; \text{ oder, da } 2\,q = S$$

II $\qquad W_2 = \frac{2\,K}{S^2}.$

Das günstige Querschnittsverhältnis liegt nun dann vor, wenn die durch die Gleichungen I und II definierten Widerstände des Stammes und der Äste im Verhältnis zu den zugehörigen Querschnitten Q und S um den kleinsten möglichen Betrag voneinander abweichen. Dies tritt aber offenbar dann ein, wenn die Differentialquotienten der beiden Widerstände nach ihren respektiven Querschnitten einander gleich sind, wenn also die Beziehung besteht:

$$\frac{dW_1}{dQ} = \frac{dW_2}{dS}.$$

Denn in diesem Falle wird jede Vergrößerung von W_2 gegenüber W_1 durch eine Vergrößerung von S (bzw. q) gegen Q ausgeglichen und umgekehrt. Die Gleichsetzung der Differentialquotienten ergibt dann nach den Gleichungen I und II:

$$-\frac{2\,K}{Q^3} = -\frac{2 \cdot 2\,K}{S^3}$$

$$\frac{1}{Q^3} = \frac{2}{S^3}$$

$$S^3 : Q^3 = 2 : 1$$

$$S : Q = \sqrt[3]{2} : 1 = 1{,}26 : 1.$$

Es besteht also in einer kapillaren Strombahn, welche sich in zwei gleiche Äste teilt, dann das günstigste Querschnittsverhältnis, wenn der Gesamtquerschnitt der Äste 26% größer ist als der Stammquerschnitt; das Verhältnis $Q:q$ ist demnach gleich $1:0{,}63$.

Die Nachprüfung dieses Gesetzes stößt insofern auf erhebliche Schwierigkeiten, als der Querschnitt der zu messenden Gefäße im lebenden Körper nicht konstant ist, sondern infolge nervöser Reize sich erweitert oder verengt. Gelegenheit zur Bestimmung der Gefäßdurchmesser unter annähernd normalen Verhältnissen bilden photographische Aufnahmen des Augenhintergrundes. Die Werte, welche Heß bei solchen Messungen erhielt, liegen zwischen 1,26 und 1,30; sie stimmen also mit dem günstigsten Werte sehr gut überein. Nach einer anderen Methode ergaben sich bei Mesenterialgefäßen von Pferden Werte, welche zwischen 1,23 und 1,44 liegen, also in die unmittelbare Nähe des günstigsten Querschnittsquotienten fallen.

B. DAS WEBERSCHE GESETZ

Das nach seinem Entdecker Ernst Heinrich Weber (1795—1878) von Fechner so genannte Webersche Gesetz hat zum Gegenstand die Beziehung zwischen einer Empfindung und dem Reiz, welcher sie auslöst. Daß eine solche Beziehung tatsächlich besteht, lehrt unsere tägliche Erfahrung; denn wir sind befähigt, den Kraftaufwand ziemlich sicher zum voraus abzuschätzen, welchen wir zur Erzielung eines bestimmten Effektes mit unserer Muskelarbeit leisten müssen. Mit zunehmender Übung gelingt es immer leichter, verschieden schwere Körper mit richtig bemessener Kraftausgabe an dasselbe Ziel zu werfen oder den Stimmbändern des Kehlkopfes diejenige Spannung zu erteilen, bei welcher dieselben durch die Atemluft in die einer bestimmten Tonhöhe entsprechende Zahl von Schwingungen versetzt werden. Diese Vorgänge lassen sich nur verstehen, wenn zwischen den physikalischen Kräften der Außenwelt und den in den Sinnesorganen von ihnen ausgelösten Prozessen ein bestimmtes Abhängigkeitsverhältnis existiert. Es muß sich demnach die Empfindung als eine Funktion des Reizes darstellen lassen.

Bei seinen grundlegenden Versuchen ging Weber (1846)

von der Tatsache aus, daß wir zwar nicht imstande sind, bei zwei verschieden starken Empfindungen anzugeben, wievielmal die eine stärker sei als die andere, daß wir aber mit Sicherheit beurteilen können, ob zwei Empfindungen einander gleich sind, oder nicht. Löst man durch einen Reiz von genau gemessener Größe eine Empfindung aus und vermehrt oder vermindert man diesen Reiz allmählich, so läßt sich genau ermitteln, bei welchem Werte des positiven oder negativen Reizzuwachses die entsprechende Empfindung eine eben merkliche Verstärkung oder Abschwächung erfährt. Das Ergebnis, zu welchem Weber gelangte, läßt sich an einem Beispiel am leichtesten verständlich machen. Durch Auflegen eines Gewichtes von 20 g auf die Hand entsteht eine bestimmte Druckempfindung. Wird nun unmittelbar darauf ein Gewicht von 20,5 g auf die gleiche Tastfläche gelegt, dann erscheint die zweite Druckempfindung der ersten gleich; eine merkliche Erhöhung der Druckempfindung kommt erst zustande, wenn zu dem Gewicht von 20 g ein ganzes Gramm hinzugefügt wird. Bei einem zweiten Versuch, welcher mit 40 g beginnt, ist die zur Auslösung eines eben merklichen Empfindungszuwachses nötige Gewichtszunahme nicht mehr dieselbe wie im ersten Versuch, sondern sie ist von 1 g auf 2 g gestiegen. Bei 60 g Anfangsgewicht ist der zur Erhöhung der Empfindung nötige minimale Reizzuwachs 3 g, bei 80 g 4 g, bei 100 g 5 g usw. Der Reizzuwachs ist also nicht konstant, sondern er wächst proportional dem vorhergegangenen Reize; konstant ist das Verhältnis des Reizzuwachses Δx zu dem vorhergegangenen Reize x. In dem angeführten Beispiele verhält sich

$$\Delta x : x = 1 : 20 = 2 : 40 = 3 : 60 = 4 : 80 = 5 : 100 \text{ usw.}$$

Es läßt sich demnach das Webersche Gesetz etwa auf folgende Weise aussprechen: *Es entsprechen merkbare Empfindungsunterschiede nur denjenigen Reizunterschieden, welche zu dem hervorgegangenen Reiz in einem bestimmten, konstanten Verhältnis stehen.*

Dieses Verhältnis ist bei den einzelnen Sinnen verschieden und außerdem noch starken individuellen Schwankungen unterworfen. Die häufigsten Mittelwerte sind für den Menschen etwa folgende:

für die Lichtempfindung 1 : 100
Muskelempfindung 1 : 40
Druckempfindung 1 : 20
Schallempfindung 1 : 4 [1])

Die Gültigkeit dieses Gesetzes, welches Weber zunächst für den Menschen aufgestellt hatte, wurde bei Tieren und Pflanzen vielfach und nicht immer mit positivem Erfolge nachgeprüft. Es zeigte sich, daß es nur Geltung hat für einen bestimmten Bereich, welcher zusammenfällt mit dem Umfang der gewöhnlichen Beanspruchung der Sinnesorgane, daß dagegen bei abnorm starken Reizen das genannte Verhältnis immer kleinere, bei sehr kleinen Reizen immer größere Werte annimmt. Es sind also immer die Grenzen zu beachten, innerhalb welcher das Webersche Gesetz Geltung hat. Innerhalb solcher Grenzen gilt aber das Webersche Gesetz nicht nur beim Menschen, sondern auch bei den übrigen Lebewesen.

Eine besondere Bedeutung erhielt das Webersche Gesetz dadurch, daß Fechner (1860) die durch dasselbe festgestellten Beziehungen dazu benützte, um die Art des funktionellen Zusammenhangs der psychischen mit den physischen Erscheinungen zu ermitteln. Die mathematische Ableitung des „psychophysischen Grundgesetzes" aus dem Weberschen Gesetz ist folgende: Es werde mit x ein Reiz und mit y die ihm entsprechende Empfindung bezeichnet. Ferner wird angenommen[2]), daß die eben merklichen Empfindungsunterschiede Δy, welche durch die den Reizgrößen proportional wachsenden Reizzuwüchse ausgelöst werden, unter

---

1) Ein Analogon bietet das Bernoullische Gesetz, welches besagt, daß die über einen Güterzuwachs empfundene Befriedigung der Masse der bereits besessenen Güter umgekehrt proportional ist.

2) Ob diese Voraussetzung zutreffe oder nicht, ist eine immer noch nicht endgültig entschiedene Frage; es muß die Möglichkeit offengelassen werden, daß die einzelnen Empfindungszuwüchse nicht konstant sind, sondern nach einem bestimmten Gesetze zu- oder abnehmen. Es würde sich dann für die Empfindung eine andere als die von Fechner abgeleitete logarithmische Funktion des Reizes ergeben.

sich die gleiche Größe haben. Die einzelnen Empfindungen sind dann:

$$y \quad y + \Delta y \quad y + 2\Delta y \quad y + 3\Delta y \quad \text{usw.};$$

sie bilden also eine arithmetische Reihe. Für die entsprechenden Reize gilt das Gesetz:

$$\frac{x_1 - x}{x} = \frac{x_2 - x_1}{x_1} = \frac{x_3 - x_2}{x_2} = \ldots = k.$$

Da nun $x_1 = x + \Delta x$, erhalten wir

$$\frac{x + \Delta x - x}{x} = \frac{\Delta x}{x} = k$$

$$\Delta x = k \cdot x.$$

Ferner ist $x_2 = x_1 + \Delta x_1$; somit

$$\frac{x_1 + \Delta x_1 - x_1}{x_1} = \frac{\Delta x_1}{x_1} = k$$

$$\Delta x_1 = k x_1$$

$$\Delta x_2 = k x_2 \quad \text{usw.}$$

Für die Reize ergibt sich somit die Reihe:

$$x$$
$$x_1 = x + \Delta x = x + kx = x(1+k)$$
$$x_2 = x_1 + \Delta x_1 = x_1 + kx_1 = x_1(1+k) = x(1+k)^2$$
$$x_3 = x_2 + \Delta x_2 = x_2 + kx_2 = x_2(1+k) = x(1+k)^3 \text{ usw.}$$

Allgemein:

$$y_n = y + n\Delta y$$

und

$$x_n = x(1+k)^n.$$

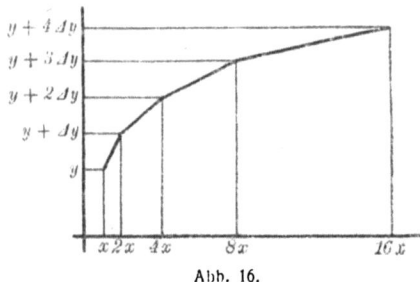

Abb. 16.

Die Reize bilden also eine geometrische Reihe. Graphisch dargestellt ergibt sich die in Abb. 16 wiedergegebene Figur, bei welcher $k = 1$ angenommen ist, so daß die Reize der Reihe nach die Werte

Das Webersche Gesetz

$$x \quad 2x \quad 4x \quad 8x \quad 16x \quad 32x \quad \text{usw.}$$

annehmen, während die Empfindungen immer um den Betrag Δy in arithmetischer Progression aufsteigen. Die durch eine gebrochene Linie untereinander verbundenen Punkte, welche das Abhängigkeitsverhältnis zwischen Reiz und Empfindung zur Darstellung bringen, liegen auf einer *logarithmischen* Kurve. Denn wenn wir die meßbaren Zuwüchse Δx und Δy beliebig klein werden lassen; d. h. also alle Reizunterschiede, auch diejenigen, welche eine merkbare Empfindungsänderung auszulösen nicht imstande sind, in Rechnung ziehen, dann läßt sich das Webersche Gesetz ausdrücken durch die Gleichung:

$$dy = K \cdot \frac{dx}{x},$$

wobei K eine Konstante bedeutet. Durch Integration geht obige Gleichung über in

$$y = K \log x + \text{Const.}$$

Um nun den Wert der Integrationskonstante zu bestimmen, führt Fechner den Begriff der *Reizschwelle* ein. Es entspricht nämlich erfahrungsgemäß der Empfindung $y = 0$ nicht etwa der Reiz $x = 0$, sondern es gibt Reize, deren Größe zwar wohl bestimmbar ist, die aber eine Empfindung nicht auszulösen vermögen. Damit dies geschehe, darf der Reiz unter einen minimalen Schwellenwert s, der gerade schwach genug ist, um ohne Auslösung einer Empfindung eben noch vorüberzugehen, nicht hinabgehen. Diesem Schwellenwerte $x = s$ entspricht dann die Empfindung $y = 0$. Wir haben also die beiden Gleichungen:

$$y = K \cdot \log x + \text{Const.}$$
$$0 = K \cdot \log s + \text{Const.}$$

Durch Subtraktion erhalten wir

$$y = K \cdot \log x - K \cdot \log s.$$

Wählen wir nun s als Einheit des Maßsystems für den Reiz, dann erhalten wir, da $\log s = \log 1 = 0$, für das Webersche Gesetz den Ausdruck:

$$\boldsymbol{y = K \log x.}$$

In dieser zweiten, von Fechner aufgestellten Form lautet dann das Gesetz: *Die Empfindung wächst proportional dem Logarithmus des Reizes.*

Es ist klar, daß diese Formulierung wegen des oben erwähnten, immer noch problematischen Charakters ihrer Voraussetzung nur als eine vorläufige anzusehen ist; es wäre ebenso verfehlt, ihre Bedeutung zu überschätzen, wie es unangebracht wäre, sie zu verwerfen, bevor sie als unzutreffend erwiesen ist und durch die richtige ersetzt werden kann. „In Wahrheit besteht der Wert mathematischer Betrachtung auf diesem Gebiete — — hauptsächlich darin, daß jede Art exakter Gesetzmäßigkeit im geistigen Leben wie in der Natur schließlich in mathematischer Form muß dargestellt werden können. Hierin allein, nicht etwa in irgend einer geheimnisvollen Eigenschaft der Logarithmen, liegt daher der Wert der logarithmischen Beziehung zwischen Reiz und Empfindung. Diese Beziehung gibt nur dem in dem Weberschen Gesetze enthaltenen Tatbestand einen mathematischen Ausdruck, indem sie dieses Gesetz einer bestimmten Form mathematischer Funktionen unterordnet."[1]

SCHLUSS

Aus den angeführten Beispielen geht hervor, daß die Mathematik auch in den biologischen Wissenschaften eine grundlegende Aufgabe zu erfüllen berufen ist. Man mag sich zum Problem des Lebens stellen, wie immer, sei es, daß man an der Möglichkeit einer restlosen Zurückführung des Lebens auf physikalische und chemische Vorgänge festhält, oder sei es, daß man dem Leben eine gewisse Eigengesetzlichkeit zuschreibt, — auf alle Fälle wird es die oberste Aufgabe biologischen Forschens bleiben, die bei den Lebenserscheinungen verwirklichten Gesetze quantitativ zu fassen und abzuleiten. Hierbei kann die Biologie so wenig wie die anderen Naturwissenschaften auf mathematische Formulierung und auf mathematische Denkweise verzichten.

---

[1] Wundt, W., Vorlesungen über die Menschen- und Tierseele. 4. Aufl. Leipzig 1906, S. 56.

Schluß

Die Hauptschwierigkeit, welche sich der mathematischen Formulierung biologischer Probleme entgegenstellt, nämlich Pluralität der Ursachen des einzelnen biologischen Vorganges, ist ja nicht eine Besonderheit biologischer Fragen, sondern sie kehrt auch in der anorganischen Natur überall wieder, wo es sich darum handelt, empirisch festgestellte Daten in ein mathematisches System zu fassen. Gerade wie z. B. die Wurflinie nie eine Parabel ist, sondern nur auf eine Parabel zurückgeführt werden kann unter vereinfachenden Voraussetzungen, wie sie empirisch nie gefunden werden, gerade so ist auch z. B. die Abhängigkeit zwischen Reiz und Empfindung durch eine logarithmische Kurve nur darstellbar unter Bedingungen, die in der Wirklichkeit so oft durch „Nebeneinflüsse" gestört werden, daß sich die mathematisch abgeleitete Beziehung empirisch nie rein wird nachweisen lassen. Eben diese „Empfindlichkeit" der mathematischen Ableitung bewirkt, daß bei der empirischen Nachprüfung auch diejenigen mitwirkenden Faktoren aufgedeckt werden, deren Existenz vorher ganz unerkannt geblieben war und die wir vielleicht auch nachher nicht sofort aufzeigen können, so daß wir uns vorläufig damit begnügen müssen, das Vorhandensein einer „terra incognita" festgestellt zu haben.

Die mathematische Darstellungsweise ist eben einzig geeignet, die gegenseitige Abhängigkeit zweier Erscheinungen quantitativ zum Ausdruck zu bringen und auf diese Weise eine exakte Erkenntnis über die Art dieser Abhängigkeit zu vermitteln. Und gerade in der Biologie, wo durch den unserem Denken unvermeidlich anhaftenden Anthropomorphismus die schlimmste Verwirrung in die grundlegenden Begriffe: Ursache und Wirkung, Zweck und Folge usw. hineingetragen wurde, ist die Mathematik als Korrektiv besonders unentbehrlich, da sie sich, als die abstrakteste Wissenschaft, von „der Parteien Haß und Gunst" am wenigsten leicht beirren läßt.

Es erfüllt also die Mathematik für die biologischen Wissenschaften so gut wie für die anorganischen eine Aufgabe von grundlegender Bedeutung, im Sinne jenes letzten Zieles aller Wissenschaft, welches nach dem berühmten Ausspruche von Laplace (1814) darin gegeben ist, daß dem wissenschaftlich vollkommenen Geiste „für einen gegebenen Augenblick alle Kräfte, welche die Natur beleben und die gegenseitige Lage aller Wesen, aus denen sie besteht" bekannt sind. Die Worte, mit denen Laplace vor mehr als hundert Jahren dieses Ziel beschrieb, sind auch heute noch merkwürdig und bedeutsam genug; sie mögen den Abschluß unserer Erörterungen bilden: Dieser Geist, „sofern er sonst umfassend genug wäre, um diese Angaben der Analyse zu unterwerfen, würde in derselben Formel die Bewegungen der größten Weltkörper und des leichtesten Atoms begreifen; nichts wäre ungewiß für ihn, und Zukunft wie Vergangenheit wäre seinem Blicke gegenwärtig. Der menschliche Verstand bietet in der Vollkommenheit, die er der Astronomie zu geben gewußt hat, ein schwaches Abbild solchen Geistes dar. Seine Entdeckungen in Mechanik und in Geometrie, verbunden mit derjenigen der allgemeinen Anziehung, haben ihn in die Möglichkeit versetzt, mit Hilfe der gleichen analytischen Ausdrücke die vergangenen und die zukünftigen Zustände des Weltsystems zu erkennen. Indem er die gleiche Methode auf einige andere Gegenstände seiner Erfahrung anwendet, ist es ihm gelungen, die beobachteten Erscheinungen auf allgemeine Gesetze zurückzuführen und diejenigen vorauszusehen, welche unter gegebenen Umständen sich ereignen müssen. Alle seine Anstrengungen, die Wahrheit zu suchen, haben das Bestreben, ihn dieser Einsicht, deren Begriff wir eben aufgestellt haben, immer näherzubringen, wenn er auch freilich von ihr immer unendlich weit entfernt bleiben wird. *Dieses dem menschlichen Geschlechte eigentümliche Bestreben ist es, welches dasselbe über die Tiere erhebt, und die Fortschritte auf diesem Gebiete zeichnen die Nationen und die Jahrhunderte aus und begründen ihren wahren Ruhm.*"

LITERATUR

A. LEHRBÜCHER

Culman, C., Die graphische Statik. Zürich 1866. — Hesse, R., Der Tierkörper als selbständiger Organismus. Leipzig 1910. — Jost, Lehrbuch der Pflanzenphysiologie. Jena 1910. — Kerner v. Marilaun, Pflanzenleben. 3. Aufl. Leipzig und Wien 1914. — Nußbaum, Karsten, Weber, Lehrbuch der Biologie f. Hochschulen. 2. Aufl. Leipzig 1914. — Ritter, W., Anwendungen der graphischen Statik. Zürich 1888. — Schwendeners Vorlesungen über mechanische Probleme der Botanik. Leipzig 1909. — Weisbach, J., Lehrbuch der Ingenieur- und Maschinentechnik. Braunschweig 1865/80. — Wiesner, J., Organographie und Systematik der Pflanzen. 2. Aufl. Wien 1891.

B. SPEZIALLITERATUR (AUSWAHL)

Guldberg, F. O., Über die Zirkularbewegung als tierische Grundbewegung .... Biolog. Zentralbl. 16. Bd. 1896. — Guldberg, G., Über die morphologische und funktionelle Assymmetrie der Gliedmaßen ... Ebenda. — Fechner, G. T., Elemente der Psychophysik 1860. — Haeckel, E., Generelle Morphologie der Organismen. 1. Band. Berlin 1866. — Heß, W. R., Eine mechanisch bedingte Gesetzmäßigkeit im Bau des Blutgefäßsystems. Arch. für Entwicklungsmechanik. 16. Bd. 1903. — Ders., Das Prinzip des kleinsten Kraftverbrauches im Dienste hämodynamischer Forschung. Arch. f. Anat. u. Physiol., Phys. Abt. 1914. — Ders., Die Zweckmäßigkeit im Blutkreislauf. Basel 1918. — Jaeger, F. M., Lectures on the principle of symmetrie and its applications in all natural Sciences. Amsterdam 1917. — Kant, J., Metaphysische Anfangsgründe der Naturwissenschaften. 1786. Neu herausgegeben von O. Buek, Leipzig 1914. — Laplace, P. S., Essai philosophique sur les Probabilités. II. Ed. Paris 1814. — Meyer, H. v., Die Architektur der Spongiosa. Arch. f. Anatomie, Physiologie und wissenschaftl. Medizin 1867. — Ders., Die Statik und Mechanik des menschlichen Knochengerüstes. Leipzig 1873. — Ostwald, W., Zur Theorie des Planktons. Biol. Zentralbl. 22. Bd. 1902. — Ders., Theoretische Planktonstudien. Zool. Jahrbücher, Abt. Systematik, Geographie und

Biologie. 18. Bd. 1903. — Przibram, H., Aufzucht, Farbwechsel und Regeneration einer ägypt. Gottesanbeterin. Arch. f. Entwicklungsmechanik. 22. Bd. 1906. — Roux, W., Über die Verzweigung der Blutgefäße im Menschen. Jenaische Zeitschr. f. Naturw. 12. Bd. 1888. Wieder abgedruckt in Roux, Gesammelte Abhandlungen. 1. Bd. Leipzig 1895. — Schwendener, S., Das mechanische Prinzip im Bau der Monokotyledonen. Leipzig 1874. — Ders., Mechanische Theorie der Blattstellungen. Leipzig 1878. — Theel, J., Über die Bedeutung der Größe für die Organismen. Naturw. Wochenschr. 1917. — Ders., Über die Symmetrie der Organismen. Ebenda 1919. — Weber, E. H., Tastsinn und Gemeingefühl. 1846. Neu herausgegeben als 149. Bd. von Ostwalds Klassikern. Leipzig 1905. — Wiesner, J., Zur Biologie der Blattstellung. Biolog. Zentralblatt 1903.

Aus Natur und Geisteswelt

Jeder Band art. M. 10.— Jeder Band geb. M. 12.—

Zur Biologie, Botanik und Zoologie sind bisher erschienen:

Einführung in die Biologie.

Allgemeine Biologie. Einführung in die Hauptprobleme der organischen Natur. Von Prof. Dr. H. Miehe. 3. verb. Aufl. Mit 44 Abb. (Bd. 130.)
Experimentelle Biologie. Von Dr. C. Thesing. Mit 1 Tafel und 69 Textabb. (Bd. 337.)
Entwicklungsgeschichte des Menschen. Vier Vorlesungen. Von Dr. A. Heilborn. 2. Aufl. Mit 61 Abb. nach Photograph. u. Zeichn. (Bd. 388.)
Die Beziehungen der Tiere und Pflanzen zueinander. Von Prof. Dr. K. Kraepelin. 2. Aufl. I. Bd. Die Beziehungen der Tiere zueinander. Mit 64 Abb. (Bd. 426.) II. Bd. Die Beziehungen der Pflanzen zueinander und zu den Tieren. Mit 68 Abb. (Bd. 427.)
Lebensbedingungen u. Verbreitung d. Tiere. Von Prof. Dr. O. Maas. Mit 11 Kart. u. Abb. (139.)
Die Schädlinge im Tier- und Pflanzenreich und ihre Bekämpfung. Von Geh. Reg.-Rat Prof. Dr. K. Eckstein. 3. Aufl. Mit 36 Fig. i. Text. (Bd. 18.)
Die Welt der Organismen. Von Oberstudienrat Prof. Dr. K. Lampert. Mit 52 Abb. (Bd. 236.)
Einführung in die Biochemie in elementarer Darstellung. Von Prof. Dr. W. Löb. 2. Aufl. von Prof. Dr. H. Friedenthal. Mit 12 Fig. (Bd. 352.)

Abstammungs- und Vererbungslehre, vergl. Anatomie.

Experimentelle Abstammungs- und Vererbungslehre. Von Prof. Dr. E. Lehmann. 2. Aufl. Mit 27 Abb. (Bd. 379.)
Abstammungslehre und Darwinismus. Von Prof. Dr. R. Hesse. 5. Aufl. Mit 40 Textabb. (39.)
Die Tiere der Vorwelt. Von Professor Dr. O. Abel. Mit 31 Abb. (Bd. 399.)
Die Stammesgeschichte uns. Haustiere. Von Prof. Dr. C. Keller. 2. Aufl. Mit 29 Abb. i. T. (252.)
Vergleichende Anatomie der Sinnesorgane der Wirbeltiere. Von Prof. Dr. W. Lubosch. Mit 107 Abb. (Bd. 282.)

Fortpflanzung

Befruchtung u. Vererbung. Von Dr. E. Teichmann. 3. Aufl. Mit 13 Textabb. (Bd. 70.)
Fortpflanzung u. Geschlechtsunterschiede d. Menschen. Eine Einführ. in d. Sexualbiol. V. Prof. Dr. H. Boruttau. 2. Aufl. Mit 39 Abb. (540.)
Die Fortpflanzung der Tiere. Von Prof. Dr. R. Goldschmidt. Mit 77 Abb. (Bd. 253.)
Zwiegestalt der Geschlechter in der Tierwelt. Dimorphismus.) V. Dr. F. Knauer. 37 Fig (148.)

Mikroorganismen

Die Bakterien im Haushalt der Natur und des Menschen. Von Prof. Dr. E. Gutzeit 2. Aufl. Mit 13 Abb. (Bd. 242.)
Die krankheiterregenden Bakterien. Grundtatsachen der Entstehung, Heilung u. Verhütung der bakteriellen Infektionskrankheiten d. Menschen. Prof. Dr. M. Löhlein 2. Afl. M. 33 Abb (307.)

Die Urtiere. Von Prof. Dr. R. Goldschmidt. 2. Aufl. Mit 44 Abb. (Bd. 160.)
Das Süßwasser-Plankton. Von Prof. Dr. O. Zacharias. 2. Aufl. Mit 57 Abb. (Bd. 156.)
Das Meer, seine Erforschung und sein Leben. V. Prof. Dr. O. Janson. 3. Aufl. Mit 40 Fig. (30.)
Einführung in die Mikrotechnik. Von Prof. Dr. V. Franz u. Studienr. Dr. H. Schneider. (765.)

Botanik (insbesondere angewandte).

Pflanzenphysiologie. V. Prof. Dr. H. Molisch Mit 63 Fig. (Bd. 569.)
Botanik des praktischen Lebens. Von Prof. Dr. P. Gisevius. Mit 24 Abb. (Bd. 173.)
Die Pilze. V. Dr. Eichinger. M. 64 Abb. (334.)
Pilze und Flechten. Von Dr. W. Nienburg. Mit 88 Abb. im Text. (Bd. 675.)
Die fleischfressenden Pflanzen. Von Prof. Dr. A. Wagner. Mit 82 Abb. (Bd. 344.)
Unsere Blumen u. Pflanzen i. Zimmer. Von Prof. Dr. Dammer. Mit 65 Abb. (359.) [2. A. i. D.]
Unsere Blumen und Pflanzen im Garten. Von Prof. Dr. U. Dammer. Mit 69 Abb. (Bd. 360.)
Der deutsche Wald. Von Prof. Dr. H. Hausrath. 2. Aufl. M 1 Bilderanh. u. 2 Kart. (Bd. 153.)
Der Kleingarten. Von J. Schneider, Sachlehrer für Gartenbau und Kleintierzucht. 2., verb. u. verm. Aufl. Mit 80 Abb. (Bd. 498.)
Ursprung, Werdegang und Züchtungsgrundlagen der landwirtschaftlich. Kulturpflanzen. Von Prof. Dr. A. Jade. (Bd. 766.)
Weinbau und Weinbereitung. Von Prof. Dr. F. Schmitthenner. Mit 34 Abb. (Bd. 332.)
Kolonialbotanik. Von Prof. Dr. F. Tobler. Mit 21 Abb. (Bd. 184.)
Der Tabak. Anbau, Handel und Verarbeitung. Von Jac. Wolf. 2. Aufl. Mit 17 Abb. (Bd. 416.)
Botanisches Wörterbuch. Von Dr. O. Gerle. (Teubn. ll. Fachwörterbücher Bd. 1.) Geb. M. 20.—

Zoologie (insbesondere angewandte).

Tierzüchtung. Von Dr. G. Wilsdorf. 2. Aufl. Mit 23 Abb. und 12 Tafeln und 2 Fig. i. T. (Bd. 369.)
Die Kleintierzucht. Von Sachlehrer J. Schneider. Mit 59 Fig. im Text u. auf 6 Taf. (Bd. 604.)
Deutsches Vogelleben. Exkursionsbuch f. Vogelfreunde. Von Prof. Dr. A. Voigt, 2. Aufl. (Bd. 221.)
Vogelzug und Vogelschutz. Von Dr. W. R. Eckardt. Mit 6 Abb. (Bd. 218.)
Bienen und Bienenzucht. Von Prof. Dr. E. Zander. Mit 42 Abb. (Bd. 705.)
Das Aquarium. Von E. W. Schmidt. Mit 15 Fig. (Bd. 335.)
Korallen und andere gesteinbildende Tiere. Von Prof. Dr. W. May. Mit 45 Abb. (Bd. 231.)
Zoologisches Wörterbuch. Von Dr. Th. Knottnerus-Meyer. (Teubners kleine Sachwörterbücher Bd. 2.) Geb. . . . . M. 20.—

Verlag von B. G. Teubner in Leipzig und Berlin

Preisänderung vorbehalten

MIX
Papier aus verantwortungsvollen Quellen
Paper from responsible sources
FSC® C105338

If you have any concerns about our products,
you can contact us on
ProductSafety@springernature.com

In case Publisher is established outside the EU,
the EU authorized representative is:
**Springer Nature Customer Service Center GmbH
Europaplatz 3, 69115 Heidelberg, Germany**

Printed by Libri Plureos GmbH
in Hamburg, Germany